● 国家自然科学基金项目"环境规制对绿色技术创新的作用机理与政策模拟研究——以长江经济带为例"（编号：71863020）阶段性成果

● 江西省社会科学规划项目"教育扩展对二孩意愿影响的机理与对策研究"（编号：18GL09）阶段性成果

● 江西省教育厅人文社会科学研究规划基金项目"环境规制影响绿色经济增长的机理与对策研究——以长江经济带为例"（编号：GL18125）阶段性成果

环境规制的绿色技术创新效应：
资本投入、技术进步与创新能力

GREEN TECHNOLOGY INNOVATION EFFECT OF ENVIRONMENTAL REGULATION:
CAPITAL INPUT, TECHNOLOGICAL PROGRESS AND INNOVATION CAPABILITY

刘章生 ◎ 著

U0312483

经济管理出版社
ECONOMY & MANAGEMENT PUBLISHING HOUSE

图书在版编目（CIP）数据

环境规制的绿色技术创新效应：资本投入、技术进步与创新能力/刘章生著．—北京：经济管理出版社，2018. 12
ISBN 978 - 7 - 5096 - 6105 - 5

Ⅰ. ①环…　Ⅱ. ①刘…　Ⅲ. ①环境规划—作用—无污染技术—技术革新　Ⅳ. ①X38

中国版本图书馆 CIP 数据核字（2018）第 288108 号

组稿编辑：杜　菲
责任编辑：杜　菲
责任印制：黄章平
责任校对：王纪慧

出版发行：经济管理出版社
　　　　　（北京市海淀区北蜂窝 8 号中雅大厦 A 座 11 层　100038）
网　　址：www. E - mp. com. cn
电　　话：（010）51915602
印　　刷：北京玺诚印务有限公司
经　　销：新华书店
开　　本：720mm×1000mm/16
印　　张：13. 75
字　　数：222 千字
版　　次：2019 年 1 月第 1 版　　2019 年 1 月第 1 次印刷
书　　号：ISBN 978 - 7 - 5096 - 6105 - 5
定　　价：68. 00 元

前　言

　　继续工业化是我国未来很长一段时期内仍需坚持的发展道路，然而，在中国过去几十年的工业化进程中，高投资、高能耗和高排放的粗放型增长方式却带来了严重的资源和环境负担。现如今，中国已经成为世界资源消耗大国，并逐步跨入持续性生态资源短缺和复合性环境污染阶段。日益严峻的资源环境问题不仅是中国继续工业化必须面临的发展困境，也是全球可持续发展共同面临的严峻挑战。面对继续工业化与资源环境协调发展的双重时代任务，越来越多的学者和政策决策者开始认识到绿色技术的重要性。已有研究表明，绿色技术进步高度依赖于政策驱动。波特假说理论认为，"良好设计"的环境规制有助于提高生产力和促进技术创新，但是，"良好设计"的环境规制与偏向性技术进步在学术界尚有许多争议：一方面，怎么界定、识别和评价"良好设计"的环境规制；另一方面，环境规制是如何影响技术创新偏向绿色的，对绿色技术创新的投入、产出、效率及扩散等方面的具体影响又是怎样的。这些争议使得决策者对如何科学制定环境政策感到无所适从。因此，研究环境规制对绿色技术创新的影响，有助于探寻并总结出继续工业化与资源环境协调发展的模式，对探索符合中国国情的可持续发展道路具有重要的现实意义。

　　本书在梳理环境规制与绿色技术创新相关理论及文献的基础上，从资本投入、技术进步、创新能力与扩散等视角探讨了环境规制对绿色技术创新的作用机制，从这四个视角建立理论模型并展开实证检验。

基于资本投入视角，在系统考察我国环境规制历史演变、发展现状及环境治理体制机制的基础上，通过构建一个考虑多省份的理论模型，将地区间环境规制策略性行为纳入分析框架，并分别讨论了环境分权与中央集权情境下的均衡状况。研究发现，行动一致的环境规制具有绿色技术创新投入的倒逼效应。

基于技术进步视角，在讨论我国地域竞争背景下地区环境规制策略行为的基础上，界定了行动一致的环境规制，然后从消费阶段选取了阶梯电价政策和能效标识制度分别代表市场型和命令—控制型环境规制政策工具进行实证研究。研究发现，不论是市场型还是命令—控制型，行动一致的环境规制均可偏向性诱发绿色技术进步，即"行动一致"的环境规制具有显著的绿色技术诱导效应。

基于创新能力视角，在测算和分析我国制造业绿色创新能力的基础上，从作用机制和面板模型两个角度分析了环境规制与绿色技术创新能力的关系，并进一步利用非线性门槛模型考察了环境规制与绿色技术创新能力之间可能存在的非线性关系。研究发现：从绿色技术创新 GML 指数来看，随着规制强度由中等强度跨越到较高强度后，环境规制对绿色创新能力的作用方向由正变负；环境规制对绿色技术进步指数影响存在显著的倒 N 形关系，只有在较低规制强度区间，环境规制对绿色技术创新纯技术效率显著为正。通过对比分析发现，规制强度在中等区间，对绿色创新能力的促进作用是最优的，即环境规制对绿色技术创新能力具有门槛效应。

基于能力扩散视角，通过构建一个生产最终产品、中间产品和进行 R&D 研发的三部门模型，讨论了补贴、环境规制共同作用下，环境规制对省际绿色技术创新扩散的均衡影响，并采用 SBM 方向性距离函数和 GML 指数对 2003~2013 年中国省际绿色创新能力进行了测算，分析了省际间绿色创新能力的时空分异特征，并在此基础上，将环境规制与省际绿色创新能力的条件收敛进行实证检验。研究发现，尽管西部地区与东部、中部地区存在显著分歧，但从全国来看，加强环境规制有助于促进绿色技术创新能力扩散。也就是说，环境规制强度对绿色技术创新能力具有扩散效应。

　　本书发现，环境规制的绿色技术创新效应可以分为四个层面：①资本投入的倒逼效应；②技术进步的诱导效应；③创新能力的门槛效应；④创新能力的扩散效应。另外，本书还在总结研究结论的基础上，指出了研究的不足和值得进一步深入研究的方向。

目录

第一章　绪论

一、选题背景及意义

（一）选题背景

1. 资源环境约束与全球的可持续发展

工业革命以来，人类文明发生了翻天覆地的变化，其中典型的标志之一是对能源的开发和利用：第一次工业革命，木材被煤炭取代，伴随着蒸汽机的发明、利用和推广，工厂的规模生产促进了工业化发展；第二次工业革命，煤炭被石油替代，电力被广泛运用，工厂自动化生产线的出现极大地促进了人类工业化进程。

然而，人类文明的发展不仅积极改善着地球生态，也在不断地破坏地球的生态平衡。自工业革命以来，化石能源被无节制地消费，导致二氧化碳排放呈爆发式增长，根据目前的发展趋势，到 2030 年全球温室气体排放还要增长 50% 左右[①]。温室气体的积累效应导致大气中的温室气体浓度

---

① 何建坤．资源和环境成为全球可持续发展面临重大问题 ［EB/OL］．http：//pe. hexun. com/2013 - 12 - 22/160805438. html.

非正常提高，进而使得全球气候变暖。全球气温上升严重破坏了地球的生态平衡，导致海平面的非正常上升、极端气候事件频率增加和破坏性增强。化石能源是不可再生能源，它被无节制的消费导致人类发展中的能源瓶颈提前到来，而且在能源消耗过程中伴随着大量污染排放。气候变化和污染排放严重威胁着人类正常的社会经济活动，《全球可持续发展报告（2015）》指出，如果没有气候变化和污染排放，2010 年印度小麦产量将增加 36%，90% 的小麦减产都是来自气候的非正常变化。

随着经济、社会的持续发展，工业化进程的加快，人类对能源的高效利用，特别是以化石能源为代表的不可再生资源消耗正以数量级态势增长，这不仅加剧资源短缺压力，也给全球生态环境带来了更加严峻的挑战。

2. 继续工业化与中国的资源环境困境

尽管中国的 GDP 总量已经跃居世界第二，但是人均 GDP 仍处于世界中下游水平，中国依然是发展中国家。农业国家或者经济落后国家，要想做到经济起飞和经济发展，就必须全面实行工业化（张培刚，1989）。为此，继续工业化仍将是我国未来很长一段时期内坚持的发展道路。

中国的工业化进程走过了一条独特的道路，也取得了举世瞩目的成就，特别是改革开放以来，中国经济社会得到了全面发展。然而，尽管中国拥有了位居世界前茅的 GDP 总量，但高投资、高能耗和高排放的粗放型增长方式也带来了严重的资源和环境负担，有学者研究表明，中国每年因环境污染造成的损失高达 540 亿美元，占到了 GDP 总额的 8%（李树和陈刚，2011）。

现如今，中国已经成为世界资源消耗大国，并逐步跨入了持续性生态资源短缺和复合性环境污染阶段。随着我国工业化进程的深入，未来一段时期，我国将面临以下三个资源环境的战略性问题：一是资源的需求仍将增长、污染的排放仍将增加。我国仍处于工业化阶段，需要加快工业化步伐，这一发展阶段如果没有技术的突破必然伴随巨量资源消耗和大量污染排放。二是资源的供给将面临威胁。对西方发达国家来说，其生产能力、贸易主导地位和综合国力等方面的优势确保他们维持高资源需求，但中国不仅是发展中国家，还是"世界工厂"，需要在全球范围内配置资源，而中国真正融入国际社会、参与再配置自然资源仅仅 20 余年，资源需求旺盛与保障能力欠缺之间的矛盾必然导致我国在合法的国际秩序中获取自然资源的道路充满层层障碍。三是资源环境的科学性问题仍然充满未知，人类现在的认知还不足以精确评估和准备判断怎样的环境污染程度才会威胁整个国家的安全生存。

3. 环境规制有助于缓解资源环境压力

20 世纪 60 年代特别是 1972 年联合国斯德哥尔摩会议以来，环境保护政策一直发挥着重要作用。从那时起，大多数国家开始制定资源环境战略，通过立法、行政命令和设立管理机构，以防止、减少、控制或补救人类活动对空气、土壤、水等生态系统的负面影响，这些措施被统称为环境规制。

人们传统意义上理解的环境规制主要是依靠规范性指令，利用强制行动迫使环境治理改进，并对违规者进行处罚。例如，执行排放标准，环境管理机构根据法律规定对点、面污染源设定具体要求，并对生产机构颁发排放许可证等方式来迫使生产者采用污染控制技术阻止污染或者通过处理达到监管标准，进而促进许可的生产活动达到法律和规范的要求。尽管这种环境规制政策存在诟病，会带来显著的经济成本，存在改善的空间，但不可否认的是，它仍然是大多数国家环境管理体系中的核心政策工具（Fiorino，2006）。

不过，这种传统的环境规制始于 20 世纪 60 年代，建立在政府和企业之间相互对立的关系上，环境机构被设计为使用强制力来阻止企业的破坏环境行为。随着现代政府治理理念的发展，为了建立新的政企关系，推动各行为主体对环境保护保持积极态度的环境战略，构建以信任、社会责任和承诺分配为基础的环境规制体系（Lange and Gouldson，2010；Grabosky，1995）。在这种背景下，越来越多的机构希望通过市场调节来完成环境治理。该政策的一般经济假设是，环境问题是由市场失灵引起的，因此可以通过建立与环境政策目标相关的政策、通过影响经济回报给市场带来明确且正确的信号，进而改变企业的污染行为，实现环境改善。例如，许多国家、国际组织及研究机构致力于实验和评估在排放市场建立税收制度，这些尝试也取得了不同程度的成功。

无论是传统意义的环境规制，还是现代理念的环境规制，这些政策工具的运用使得许多地方环境得到了重大改善，进而缓解了经济社会发展过程中的资源环境压力，这也是为什么环境保护被认为是 20 世纪下半叶人类主要成功政策之一的原因。

4. 绿色技术进步是可持续发展的钥匙

大部分文献观点认为，技术进步是环境资源压力的重要工具，是可持续发展的钥匙。然而，如果我们回顾历史的话，又会惊人地发现，其实大部分资源环境压力的产生又是技术进步导致的，如没有工业革命，自然不会有化石能源的无节制使用等。

Foray 和 Grübler（1996）认为，技术进步既可能增加污染，又是解决环境问题的重要工具、是实现可持续发展的核心手段（Foray and Grübler, 1996；Jaffe et al. , 2003）。自 Braun 和 Wield（1994）提出绿色技术的概念以来，不同学者就这一问题展开了广泛探讨。绿色技术创新在不同的文献中也称为低碳技术创新、生态技术创新、环境技术创新或可持续发展技术创新（张静和周魏 2015；李旭，2015）。尽管不同领域的学者对绿色技术的理解不尽相同（张钢和张小军，2011），对其认知也存在差异，但大部分学者认为绿色技术进步是实现可持续发展的关键。

有研究表明，除了少数特例外，大部分绿色技术进步高度依赖政府干预，即政策驱动（Jänicke and Jacob, 2004）。换句话说，政策刺激和扶持对绿色技术进步的作用至关重要。对于环境规制与技术创新，现有文献有两种相对的观点：波特假说及其支持者认为，良好的环境规制政策可以激励创新（Porter and Van der Linde, 1995）；也有不少学者认为，严格的环境政策是经济活动的成本或负担，会对技术创新产生挤出效应（Popp and Newell, 2012）。截至目前，学术界关于环境规制对绿色技术创新的影响尚未得出一致的研究结论。

当前，我国正处于深度工业化时期，经济社会发展阶段必然导致资源环境压力增加。面对不断加强的资源环境约束，中国积极探索经济与环境协调发展的经济发展新模式："十二五"时期，以"绿色发展"为主题提出了"绿色、低碳"发展理念，鼓励实施"创新驱动发展战略"；党的十八届五中全会强调，"十三五"期间要全面树立并落实"创新、协调、绿色、开放、共享"五大发展理念。为此，创新和绿色是中国经济发展新模式的关键要素。无论是创新发展还是绿色发展，都指向一个目标：绿色技术创新。环境规制是改善环境的政策工具，如果能通过选择恰当的规制工具进一步挖掘环境规制的绿色技术创新效应，则有助于我国经济社会的可持续发展。

（二）问题的提出

20 世纪 90 年代初，波特和范·德·兰德（Porter and Van der Linde，1995）研究发现，良好设计的环境政策实际上能够提高生产力和增加技术创新，环境规制在获取环境效益的同时能够得到创新效益。然而，值得关注的是，波特的论证倾向于依靠"良好设计"的环境规制。这一前置条件导致现实中很难对某一规制政策进行客观评价，因为我们很难认定某一特定环境政策对生产力的显著正向或者负向影响。同时，根据 Hick（1932）的思想，技术进步可以只是同比例改变不同要素的边际生产率，即是中性的，也可以是偏向型的，即存在改变要素之间的边际替代率。也就是说，技术进步既可能增加环境污染，也为解决资源环境问题提供了重要工具（Foray and Grübler 1996）。Jaffe 等（2003）在总结环境政策的技术效应时发现，环境规制对技术创新有技术进步的发明、创新和扩散三个阶段影响。那么，我们就不禁会提出这些疑问：

1. 怎样的环境规制能显著促进企业提高绿色创新的资本投入

技术创新活动源于资本投入。就一项环境规制政策而言，对企业创新的资本投入可能会产生两种完全不同的影响。

一种状况是，在忽略长期可持续的讨论话题中，遵循环境政策通常迫使企业将一部分投入用于污染预防和减排，这种投入至少在财务核算中是无法实现价值增值的，投入增加会抑制企业生产（Ambec et al.，2013），也可以是因为减排导致企业的生产成本直接上升，还可能是因为受规制影响而导致投入成本上涨（Barbera and McConnell，1990），进而影响企业可用于创新的资本减少，导致对技术创新产生挤出效应（Popp and Newell，2012）。

另一种状况则有三个视角：其一，基于弱波特假说的观点，企业均为最大化利润的追求者，环境规制约束相当于企业在金融领域面临着一个仅次于金融约束的额外环境约束，他们通常会寻找有效而最节约成本的方式来遵守新法规，Jaffe 和 Palmer（1997）认为，企业尽管不一定会增加用于创新的总资本，但会通过选择性创新投入来降低合规成本。其二，基于强波特假说的观点，环境政策可能会促使企业重新考虑其生产过程，而企业不能完全有效地运行，因此，改进生产过程的成本节约足以提高竞争力。也就是说，增加创新的资本投入会产生超过遵循成本的额外利润。其三，基于狭义的波特假说观点，对于那些只针对结果不关注过程的环境规制政策，更可能增加创新（Jaffe and Palmer，1997），其中，通过价格信号解决市场失灵的环境政策工具效果更为显著。以上三个视角，都得到一个这样的结论：在"良好设计的"规制环境中，企业利用好规制政策加大技术创新投入可以获得更好的财务业绩，从中获得同样的环境效益（Gouldson et al.，2009）。

截至目前，学术界对环境规制与绿色技术创新投入，二者之间的作用关系仍然存在争议。到底是因为成本效应降低了企业绿色技术创新投入，还是因为效益补偿提升了企业绿色技术创新投入的积极性？特别是在中国特色的环境管理体系下，怎样的环境规制才能有效地促使企业增加绿色技术创新的资本投入？

2. 怎样的环境规制才具有显著的绿色技术效应

国外研究表明，更严格的环境监管具有显著的绿色技术效应：基于微观层面，政策的严格性对于企业是否参与环境技术研发的决策具有显著影响（Johnstone and Labonne，2007；Arimura and Johnstone，2007；Lanoie，et al.，2011；Yang et al.，2012）。基于行业层面，Jaffe 和 Palmer（1997）、Hamamoto（2006）的研究也发现，更严格的法规对总研发支出有积极影响，不过，Kneller 和 Manderson（2012）以英国制造业为例进行研究发现，环境监管的严格性与环境研发支出之间存在显著正相关，但与总研发支出之间并没有显著关系。基于宏观与跨国视角，更严格的环境监管与绿色技术创新之间的显著关系也得到验证（Lanjouw and Mody，1996；Popp，2006）。尽管国内有一些关于环境规制与绿色技术创新的研究，但是不同文献之间的结论出现了较大分歧，那么，具体到我国的实际来说，到底怎样的环境规制才能显著诱导绿色技术进步？

3. 环境规制对绿色技术创新能力的影响：拉力还是阻力

绿色技术创新能力是在生产出绿色产品的过程中降低环境污染、减少消耗（原材料与能源）的技术和工艺创新能力（Driessen and Hillebrand，2002；Conceição et al.，2006；Cooke，2010；张江雪和朱磊，2012）。已有文献发现，环境规制对绿色技术创新的资本投入、技术进步存在不确定性，那么，环境规制对绿色技术创新能力的影响到底如何，是有助于提升绿色技术创新能力，还是会抑制绿色技术创新能力？

4. 环境规制与绿色技术创新扩散：一般特征与地域特征是否存在差异

环境规制对技术创新不仅包括技术进步的发明和创新，还包括扩散。Wagner 和 Llerena（2011）进一步研究发现，环境规制有助于绿色技术创新扩散。那么，在我国，这种环境规制的绿色技术创新扩散效应是否存在，如果存在，一般特征与地域特征是否存在差异？

（三）选题意义

创新发展、绿色发展是中国经济社会转型升级的重要因素，在我国探索经济发展新模式的关键时期，对环境规制与绿色技术创新展开研究具有重要的理论和现实意义。

1. 理论意义

（1）拓展了环境规制与绿色技术创新的理论研究。本书从资源环境保护与经济持续发展之间的社会经济发展矛盾出发，综合运用资源环境经济学、制度经济学和创新理论等不同学科的理论和方法，以发现和挖掘诱导绿色技术进步的环境政策为目的，试图探索技术创新、继续工业化与资源环境协调发展的联动互利机制，力求拓展我国建设社会主义生态文明的理论内涵，探寻一条符合中国国情的可持续发展道路。

（2）有助于为科学地评价环境规制质量提供理论依据。本书为系统考察环境规制对绿色技术创新的影响，从资本投入、技术进步、创新能力及扩散等视角探寻了环境规制对绿色技术创新的显著效应，一方面试图明晰环境规制对绿色技术创新的影响路径，另一方面也为科学地评价环境规制质量提供理论依据。

（3）进一步丰富了波特假说理论。波特假说理论只表明"良好设计"的环境规制具有技术创新效应，没有进一步说明什么样的规制制度才是"良好设计的"，也没有明确技术创新能否偏向绿色。本书通过分析不同执行状况、不同规制强度下对绿色技术创新资本投入、技术进步、创新能力和扩散的影响，进一步丰富了波特假说理论。

2. 现实意义

（1）为制定环境规制目标提供决策参考。面对资源环境约束，选择合适的环境规制工具推动我国绿色技术水平提升，通过比较分析不同环境规制工具、不同规制强度对绿色技术创新的影响，为相关职能部门制定环境规制政策目标提供有针对性的参考。

（2）有助于完善环境规制政策实施效果的评估方法。在环境规制政策的实施过程中，我们必须认识到，不同地区的不同强度的环境规制、不同类型的环境规制工具在不同的经济发展水平、不同的技术发展阶段会对技术创新产生不同的影响。通过考察环境规制对不同执行状况、不同规制强度下对绿色技术创新资本投入、技术进步、创新能力和扩散的影响，为客观、科学评价环境规制政策效果提供新的评价方法，并发现有利于绿色技术创新的政策工具。

（3）有助于挖掘绿色技术创新的驱动力。从资本投入、技术进步、创新能力以及扩散等视角，系统分析环境规制对绿色技术影响，分析环境规制促进绿色技术创新投入、产出、效率及扩散的客观规律，不仅丰富了关于环境规制与绿色技术创新的相关研究，而且对全国就不同地区有针对性地制定环境政策及推动绿色技术创新具有重要参考价值，对探寻并总结出继续工业化与资源环境协调发展的模式、探索符合中国国情的可持续发展道路具有重要的现实意义。

二、主要概念界定

（一）环境规制

从广义来看，规制就是政府对企业及公民设定要求的多种工具集，不仅包括法律和规章制度，而且还包含用于追求政策目标的行政手段。环境规制是为了保护环境的规制行为。

20 世纪 60 年代以来，关于环境规制的认识和界定，学术界的研究随着环境政策的变迁和面临环境问题的变化而逐步深入，这种变化可分为三个阶段：第一阶段，从传统意义上理解的环境规制主要是以行政手段为主，通过规范和指令，利用强制行动对资源环境利用行为进行直接干预；第二阶段，环境规制外延至一些经济手段，如环境税、补贴、押金返还制度和市场化的排污许可证交易等；第三阶段，环境规制的内涵被修正为，政府利用直接或间接的手段对环境资源进行干预，包括行政手段和利用市场机制的经济手段。基于此，本书借鉴赵玉民等（2009）的研究成果，认为环境规制是以环境保护为目的、个体或组织为对象、有形制度或无形意识为存在形式的一种约束性力量。

（二）绿色技术

众多学者从系统论、生态学以及生命周期等视角对绿色技术概念做出了相应的阐述，Braun 和 Wield（1994）认为绿色技术是符合生态价值规律，能够实现资源节约和环境保护，达到生态负效应最小化的技术的总成。绿色技术是指在保护生态环境的同时又可以推进经济发展的技术，它区别于传统的导致环境污染、破坏生态平衡的技术。从狭义来讲，绿色技术包括绿色产品开发、绿色生产工艺的设计两方面；从广义上讲，它还包括环境政策以及消费方式的改进等方面。不同的文献也将绿色技术称为低碳技术、生态技术、环境技术或可持续发展技术（张静和周魏，2015；李旭，2015；李广培和全佳敏，2015）。

通过对绿色技术概念的理解，可以将绿色技术的特点概括为绿色技术是节约型的技术，它能够在提高能源等资源利用效率的同时实现对环境的无害化处理，使得社会资源能够被循环利用，确保能源的安全供应，防止资源枯竭与环境恶化。

（三）绿色技术创新能力

到目前为止，不同领域的学者对绿色创新能力的理解不尽相同（张钢和张小军，2011），对其认知也存在差异，学者也基于自身研究对其定义进行了尝试性界定：一是基于企业层面视角。主要是基于单一企业行为或者多企业的协同角度，从新产品和新生产过程角度界定，认为绿色创新能力是生产出绿色产品的过程中降低环境污染、减少消耗（原材料与能源）的技术和工艺创新能力（Driessen and Hillebrand，2002；Conceição et al.，2006）。二是基于行业。产业层面视角，主要是针对某些对环境问题相对敏感的行业（如能源、化工、酒店等）或其代表性技术（产品）为研究对象，从提升产业活力角度，认为绿色创新能力是在行业（产品）保持市场活力、降低环境污染和减少能耗的创新能力（Gee and McMeekin，2011；

Chadha，2011；García‐Pozo et al.，2015）。三是基于宏观视角。主要是着眼于区域、国家和全球经济体系，从经济可持续增长视角，认为绿色创新能力是经济稳定增长的过程中降低环境污染、减少能耗的能力（Cooke，2010）。

这些定义反映了不同视角的研究成果，基于上述文献，本书从环境资源角度认为，绿色技术创新能力是在动态可持续发展的背景下，在生产出绿色产品的过程中降低环境污染、减少消耗（原材料与能源）的技术和工艺创新能力。

三、研究目标、内容与方法

（一）研究目标、研究方法与思路

1. 研究目标

在我国探索社会经济新发展模式的关键时期，对环境规制的绿色技术创新效应展开研究可以为探索、把握和遵循社会主义市场经济规律提供重要参考。本书的总体目标在于考察环境规制对我国绿色技术创新的驱动作用，从而为如何最大限度地发挥环境规制在促进绿色技术进步方面提供指导和建议。本书拟通过理论分析和实证研究来实现以下几个目标：

（1）旨在构建分析环境规制对绿色技术创新投入影响的理论模型。在环境规制理论、创新理论和导向型技术变迁理论的基础上，结合我国环境管理体制机制的具体国情，通过构建一个考虑多省份的模型，将地区间环境规制策略性行为纳入分析框架，探讨环境规制对省际间绿色创新投入的影响，进而探索我国环境治理的制度优化安排和改革路径选择，为提升环境规制质量提供重要的参考。

（2）旨在构建分析环境规制对绿色技术创新扩散影响的理论模型。在环境规制理论、技术创新理论和可持续发展理论的基础上，通过构建一个生产最终产品、中间产品和进行 R&D 研发的三部门模型，分析环境规制对绿色技术创新扩散的影响，进而探索我国省际间绿色技术协同创新的发展路径，为优化环境规制质量提升全国绿色技术水平提供参考。

（3）旨在实证检验环境规制的绿色技术创新效应。利用两个典型的规制政策为切入点，探讨环境规制行动与绿色技术进步问题；基于行业和省际面板数据，分别利用 Super SBM 和 GML 指数的数据包络分析方法科学地测度资源环境约束下绿色技术创新能力，科学设计实证模型与变量，分别探讨环境规制对绿色技术创新能力的门槛效应、环境规制的绿色技术创新扩散效应，分析规制行动、规制强度对绿色技术创新的经验证据，为进一步探索优化环境规制质量、驱动绿色技术进步和提升绿色技术水平提供经验证据。

2. 研究方法

为实现研究目的，本书综合运用资源环境经济学、发展经济学及新制度经济学等基本理论，拟采用的主要研究方法有：

（1）方法论与文献梳理相结合。融合新古典经济学、资源环境经济学、发展经济学和新制度经济学等方法论分析视角，通过梳理并归纳国内外相关文献，总结环境规制对绿色技术创新的资本投入、技术进步、创新能力与扩散等方面影响的研究成果，针对已有文献的研究思路、模型构建、实证方法等方面的不足提出本书可能改进的领域。

（2）系统研究与重点分析相结合。在环境规制理论、技术创新理论和可持续发展理论的基础上，依据负外部性理论、稀缺性理论、公共物品理论、波特假说理论以及导向型技术变迁理论，分析环境规制对绿色技术创新影响的理论基础，从资本投入、技术进步、创新能力与扩散等视角分析了环境规制对绿色技术创新的作用机制，很好地回答了规范分析的系统，即"应该是什么"的问题。进一步地，根据研究需要，选择实证切入点，由点及面、由浅入深推及规制的绿色技术创新效应。

（3）理论分析与实证研究相结合。以波特假说及其相关研究为理论支撑，通过构建一个考虑多省份的模型，将地区间环境规制策略性行为纳入分析框架，探讨环境规制对省际间绿色创新投入的影响；通过构建生产最终产品、中间产品和进行R&D研发的三部门模型，分析环境规制对绿色技术创新扩散的影响；运用双倍差分法、数据包络分析法和面板门槛分析法等方法就环境规制的绿色技术创新效应进行实证研究。

　　3. 研究思路

　　为实现研究目的，本书一是在环境规制理论、技术创新理论和可持续发展理论的基础上，依据负外部性理论、稀缺性理论、公共物品理论、波特假说理论以及导向型技术变迁理论，分析了环境规制对绿色技术创新的资本投入、技术进步、创新能力与扩散的作用机制，为系统地研究环境规制的绿色技术创新效应提供了理论基础。二是通过构建一个考虑多省份的模型，将地区间环境规制策略性行为纳入分析框架，探讨环境规制对省际间绿色创新投入的影响，并提出环境规制与绿色技术进步的研究假说。三是通过两个典型行动一致的环境规制政策，采用专利数据，运用虚拟变量法、双倍差分法进行实证研究，分别实证检验了市场型和命令—控制型环境规制的绿色技术效应。四是以制造业为切入点，采用SBM方向性距离函数和GML指数对中国制造业各行业的绿色技术创新能力进行测算，先后运用普通面板模型和非线性门槛模型考察环境规制与绿色技术创新能力之间的关系。五是通过构建生产最终产品、中间产品和进行R&D研发的三部门模型，分析环境规制对绿色技术创新扩散的影响，并提出研究假说，基于省际面板数据，对假说进行检验。六是对全书进行了总结，阐述了研究的不足，并对未来的研究方向及内容进行了展望。具体如图1-1所示。

（二）研究内容与文章结构

　　本书立足于中国国情，系统地考察了环境规制对绿色技术创新的资本投入、技术进步、创新能力和扩散等层面的影响机制，并分别以具有代表性的规制政策、行业面板数据、省际面板数据作为切入点，实证检验环境规制对绿色技术创新的影响，具体研究内容与文章结构如下：

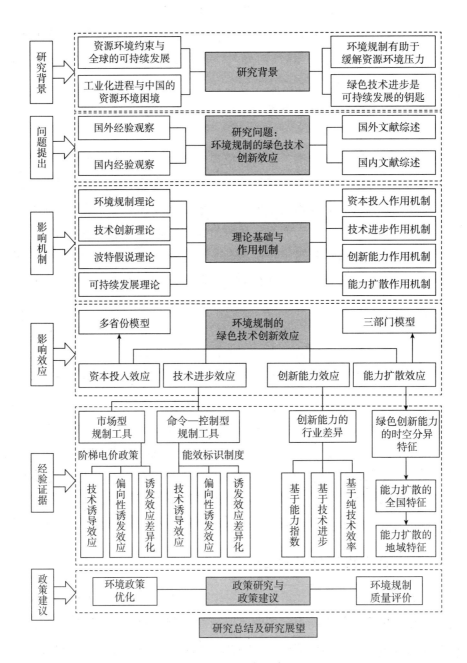

图1-1　研究思路

第一章为绪论。简要介绍研究背景、主要概念界定、研究目标、基本思路、研究内容及方法、全书结构安排以及可能的创新等。

第二章为理论基础与文献综述。主要对相关理论进行系统梳理，回顾并评述关于环境规制与绿色技术创新的相关文献，并在梳理相关理论基础与总结相关文献的基础上，分析了环境规制对绿色技术创新影响的作用机制。

第三章为环境规制与绿色技术创新投入。在梳理我国环境规制发展状况与环境治理体制机制的基础上，通过一个多省份模型，将省际间环境治理的策略性行为纳入分析框架中，探讨环境规制对绿色技术创新投入的影响。

第四章为环境规制与绿色技术进步。首先讨论了我国地域竞争背景下的地区环境规制策略，界定了行动一致的环境规制。其次从消费阶段选取了市场型和命令—控制型的代表性政策工具：居民用电实行阶梯电价政策、能源效率标识制度，并就这两个环境规制政策进行实证分析。

第五章为环境规制与绿色技术创新能力。以制造业为切入点，考察了环境规制对中国绿色技术创新能力的影响。首先，分析了制造业在国民经济中的地位，中国制造业面临的资源环境压力；其次，构建了 2003~2014 年的 28 个制造业分行业的创新投入产出面板数据库，采用 SBM 方向性距离函数和 GML 指数对 2003~2014 年中国制造业各行业的绿色技术创新 GML 指数进行测算，并进一步分析了整体及各分类行业的变化情况；再次，从作用机制和面板模型两个角度分析了环境规制与绿色技术创新能力的关系；最后，利用门槛模型实证检验了环境规制与绿色技术创新能力之间可能存在的非线性关系。

第六章为环境规制与绿色技术创新扩散。首先，借鉴 Acemoglu (2009) 的做法，基于一个三部门（分别生产最终产品、中间产品和进行 R&D 研发）的模型框架，分析了环境规制对绿色技术创新能力扩散的影响；其次，采用 SBM 方向性距离函数和 GML 指数对 2003~2013 年中国省际绿色创新能力进行了测算，并在此基础上运用条件收敛模型检验了绿色创新能力的收敛，探讨了环境规制对绿色创新能力收敛的影响，分析了这种影响的区域差异特征。

第七章为研究结论与展望。围绕研究内容，归纳主要结论，并指出研究中有待完善的地方及今后研究的方向。

四、研究创新

本书系统地研究了环境规制的绿色技术创新效应，与已有的文献相比，可能存在以下创新：

（一）在研究设计方面

系统地考察了环境规制对绿色技术创新的影响，充分考虑了资本投入、技术进步、创新能力和扩散等层面的影响效应，并从这四个视角分别探析了我国环境规制对绿色技术创新的作用机制，丰富了环境规制影响绿色技术创新的微观理论机制；分别以具有代表性的规制政策、行业面板数据、省际面板数据作为切入点，系统地考察了环境规制对中国绿色技术创新的影响，更好地校准了环境规制对绿色技术创新的作用机理，丰富了波特假说理论。

（二）在理论模型方面

在环境规制理论、波特假说理论和导向型技术变迁理论的基础上，结合我国环境管理体制机制的具体国情，通过构建一个考虑多省份的模型，将地区间环境规制策略性行为纳入分析框架，探讨环境规制对省际间绿色创新投入的影响。通过构建一个生产最终产品、中间产品和进行 R&D 研发的三部门模型，分析环境规制对绿色技术创新扩散的影响。这两个模型的构建将宏观政策与微观基础进行了有效结合，丰富了相关理论模型。

（三）从研究视角方面

综合考察了规制的执行、强度和类型对绿色技术创新的影响。已有文献大多采用某一代理变量分析环境规制对绿色创新的影响，鲜有文献区分环境规制的具体情况。本书不仅将环境规制的执行状况纳入分析体系，而且遴选具有代表意义的市场型、命令—控制型环境规制进行实证检验，进一步探讨不同强度环境规制下的绿色创新能力，分析了环境规制对绿色技术创新能力的一般特征和地域特征。首先，以阶梯电价政策、能效标识制度为切入点，分别探讨市场型和命令—控制型行动一致的环境规制对绿色技术创新的诱导效应，为环境规制与绿色技术创新的相关研究提供了新的视角；其次，以制造业为切入点，丰富了针对制造业绿色技术创新能力评价及影响因素的研究；最后，基于省际间绿色能力扩散的研究，为我国省际间绿色技术协同创新提供了研究新视角。这些视角不仅丰富了关于环境规制与绿色技术创新的研究，而且对全国就不同地区有针对性地制定环境政策及推动绿色技术创新具有重要的参考价值和现实意义。

（四）在研究方法方面

首先，通过一个多省份模型考察了环境规制对绿色技术创新投入的影响，丰富了关于环境规制与绿色技术创新资本投入的理论模型，很好地规避了无法甄别创新投入是否为绿色的问题。其次，采用双倍差分和虚拟变量法，实证检验了阶梯电价政策和能效标识制度对绿色技术进步的影响，有利于识别规制工具对绿色技术创新的作用机制。再次，运用 SBM 方向性距离函数和 GML 指数测算绿色创新能力，能够很好地反映绿色技术创新能力的本质含义。最后，基于非线性面板门槛模型比较准确地判断每个制造行业与最优环境规制水平的差距，探究不同制造行业的最优规制强度水平，试图找出能够提升绿色技术创新能力的环境规制强度的拐点，为我国针对不同制造行业制定适宜的环境政策提供依据，进而优化产业政策。

（五） 在数据采用与处理方面

一是采用专利数据考察阶梯电价政策和能效标识制度对绿色技术进步的作用，相对于全要素生产率而言，具有更强的针对性。二是为了能够对近年来我国制造业两位数行业的绿色技术创新能力进行分析，构建了 2003～2014 年的 28 个制造业分行业的创新投入产出面板数据库，该数据库的构建过程为相关研究提供了一种可以参考的数据处理思路。

第二章 理论基础与文献综述

一、相关理论基础

（一）环境规制理论

本书从环境资源的稀缺性、环境污染的负外部性等方面对环境规制相关理论进行梳理，考察环境规制理论的变迁，充分挖掘其内在的经济学内涵，为环境规制相关研究奠定坚实的理论基础。

1. 环境资源稀缺性

环境资源稀缺性是指在一定时间和空间范围内，某环境要素只能满足人们的生活需求，而难以同时满足生产需求；或只能满足一些人的某种生产需求而难以满足另一些人的生产需求，这种现象导致环境资源的多元价值和环境功能的稀缺性（王燕，2009）。环境资源稀缺性的概念存在动态演变特征，即随着社会经济条件的变动其稀缺性属性也会发生变化。并且由于环境资源稀缺属性的存在使其成为经济物品，进而出现负外部性、产权界定不明晰等问题，引致政府环境规制的出现。

2. 环境污染的负外部性

环境污染导致的负外部性，继而出现环境市场失灵是环境规制出现的根源。外部性又称外差效应、溢出效应或毗邻效应。环境负外部性主要表现为社会公众、自然环境等主体承担了环境资源使用者应承担的责任，将自身对环境资源的使用与破坏成本转嫁给社会及公众。环境资源负外部性的本质是自然资源的无效率配置，存在帕累托改进的可能性。

3. 环境资源的公共物品属性

随着环境资源外部性问题的出现，公共物品问题也日益受到关注。公共物品具有消费的非排他性和收益的非竞争性两种典型特征（赵敏，2013）。环境公共物品的非竞争性和非排他性导致了市场机制下的"搭便车"问题，进而带来环境质量贡献积极性的减弱甚至消失，最终引起环境质量的迅速下降。公地悲剧启示我们，在缺乏有效的监督和管理机制下，环境作为公共物品将使追求利润最大化的生产者忽视环境资源浪费和破坏对他人产生的影响，进而导致严重的环境污染和生态恶化。

4. 环境产权的模糊性

产权具有排他性、有限性、可交易性、可分割性等特征，但部分环境资源具有公共物品属性，并不具备一般产权制度所具有的特征，因此在多数情况下资源环境的产权是缺位的，存在不确定性（赵敏，2013）。环境产权的模糊性是其负外部性存在的典型来源，因此适当界定所有权是消除外部性带来扭曲的有效手段。

（二）规制框架下的竞争理论

环境问题具有明显的地区性与跨地区性的特征，中央政府单一环境规制政策在处理地区内部环境问题或解决跨区域环境冲突时很难发挥应有作用，同时由于环境治理成本相对高昂，环境规制执行力度存在显著的地区差异。此外环境规制也面临着政府信息不对称或缺乏效率等问题，加之环境污染本身的负外部性进而出现政府失灵的风险。因此，关于环境治理责任应该由中央政府承担还是由地方政府承担，各级政府在环境治理中如何界定自身角色的研究成为学术界关注的焦点问题。

在地方政府竞争背景下，地方政府将环境规制作为竞争的重要手段。环境规制竞争动因分为竞争效应理论和溢出效应理论两类（王宇澄，2015）。竞争效应理论最早出现于 Cumberland（1981）关于地区间税收竞争与环境污染关系的研究，他认为地方政府通过宽松的环境标准、较低的污染及资源税率来吸引资本流入或提高本地产品的市场竞争力从而达到推进区域经济增长的目的。溢出效应理论则认为环境污染存在负外部性，某一区域污染物存在跨区域特征进而影响相邻区域的环境状况，但污染治理则存在正外部性，因此各地区政府均存在"搭便车"的行为动机，导致环境规制的"公地悲剧"现象。

国内学者主要从竞争效应视角探讨环境规制竞争，文献集中于环境规制是否存在逐底竞争现象。朱平芳等（2011）基于地方政府经济分权的视角，以环境规制强度与地方政府环境决策的竞争性为立足点，检验 FDI 竞争下中国地级城市政府环境规制存在逐底竞赛的事实。张华（2014）以地方政府竞争为切入点，构建动态空间面板模型检验了环境规制竞争逐底效应和绿色悖论的存在。同时部分学者（肖宏，2008；张文彬，2010；赵霄伟，2014）研究发现逐底竞争并非完全存在，仅在局部欠发达区域较为显著。

（三）波特假说理论

1. 波特假说的提出及主要观点

1991 年波特（Michael E. Porter）教授基于动态视角，提出了波特假说（见图 2 - 1），完全颠覆了传统经济学中关于环境保护与经济增长之间的理论框架。该理论认为，企业在规制政策的引导下能够借助绿色创新实现高利润与"绿色化"的双赢局面。1995 年，波特对环境保护提升竞争力的运作机制扩展完善了上述理论。

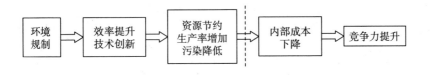

图 2 - 1　波特假说

波特将环境政策引致的创新活动引入环境规制与竞争力的动态分析中，并指出了创新活动对生产成本的创新补偿效应，具体是指科学合理的环境政策能够激发企业的创新效益，不但能够在一定程度上抵消政策带来的环境成本，还能使企业获得创新、效率、先发等更多优势，具体的补偿方式包括产品补偿和过程补偿。

2. 关于波特假说的讨论

波特假说的提出掀起了学术界关于环境规制与经济增长之间关系的讨论热潮，部分学者对波特假说提出了质疑，主要体现在以下两个方面：一是适用性，自波特假说提出后大量国内外学者通过案例分析对其进行验证，结果表明其结论具有较大的偶然性，并非适用于普遍情况；二是假说中的主要观点，如果企业需要环境规制政策来激励绿色技术创新，进而通过创新补偿效应来抵消内部成本的增加，企业为何不直接从事新工艺的研发而要借助环境规制？

（四）导向型技术变迁理论

技术变革是人类文明进步的主要推动力。新古典增长理论认为技术进步是人均产出持续增长的唯一动力，在新古典增长模型中假设资本与劳动替代弹性为1，在柯布—道格拉斯生产函数下，技术进步是中性的。但在多数情况下，技术进步是非中性的，常偏向于某一种生产要素。技术进步的偏向性决定了技术进步相关收益的要素分配状况。

随着技术变迁理论的不断发展，人们将研究重点由技术进步总量情况转向技术进步方向，并演化为偏向型技术变迁理论。该理论假定技术变迁的方向是外生给定的，将技术变迁的方向作为研究重点，忽视了对影响技术变迁方面因素的讨论。Acemoglu（1998，2007，2012，2016）在偏向型技术变迁理论方面做出了巨大贡献，他以具有微观基础的内生技术进步理论为基础，将新技术发展的偏向内生化，从微观个体角度探讨了技术偏向的影响因素，将传统偏向型技术变迁理论扩展为"导向型技术变迁"，弥补了传统偏向型技术变迁理论的不足。

（五）可持续发展理论

在传统经济粗放发展模式下，人类经济活动大量开发利用自然资源导致资源枯竭、生态环境不断恶化的严重后果，可持续发展的思想应运而生。可持续发展是经济、社会、文化和资源环境的可持续发展，是一个综合性的概念。与传统的环境保护与治理相比，可持续发展是将环境可持续纳入经济社会可持续发展的一种良性发展战略和发展模式。

二、环境规制与环境规制质量的文献综述

（一）政府规制质量理论

1. 规制与环境规制

规制（Regulation 也译管制或监管）又称政府规制，是具有法律地位、相对独立的政府行政机构为弥补市场失灵现象，依照一定的法规，通过许可等手段对企业和个人的市场活动所采取的一系列管理与监督等影响行为，它是政府的一项重要职能。政府规制分为经济性和社会性规制两种。经济性规制是为解决由于自然垄断、信息不对称等问题所引起的市场失灵问题而采取的规制行为，其目的是提高资源的配置效率。经济型规制包括自然垄断产业规制（电力行业规制、电信行业规制等）和信息不对称领域

的规制。社会性规制是对市场行为主体提供的物品和服务质量以及与之伴随的各种活动而制定的相应标准，其目的是保护相关行为主体的安全与健康，主要包括环境规制、安全规制和健康规制等。

环境规制是政府规制的重要组成部分，它以控制环境污染、保护环境，改善环境资源利用的低效率为目的，以期改善人们的生活质量和提高生活水平。关于环境规制的研究主要集中在：一是环境规制理论的基础，即环境规制存在的合理性及必要性；二是关于环境规划有效性的研究，即如何选择、选择何种环境规制工具以达到提高环境规制效率的目的。选取何种工具以达到实施环境规制的目标是经济学界讨论的热点问题。环境规制的主要工具可以分为命令—控制型规制工具和基于市场的规制工具（政府补贴、排污费、可交易的排污许可证等）。命令—控制型的规制方式、以市场为基础的激励型工具以及资源环境协议是环境规制的三种主要方式（赵敏，2013）。多数研究文献指出，基于市场的环境规制工具相对于命令—控制型规制工具在成本节约和激励技术进步等方面更具优势与潜力。

2. 规制质量研究的理论来源

自 20 世纪 70 年代以来，规制放松浪潮在西方国家兴起并产生了良好的经济及社会效益。但是，随着政府规制改革的不断深化以及社会经济的迅速发展，规制放松越来越难以解决各国所面临的政府规制难题（吴英慧，2008），因此在此背景下多数国家将规制改革从单纯性规制放松转变为以提升规制质量为核心的综合规制改革。政府规制质量问题的研究日益成为焦点，政府规制质量理论成为当今政府规制改革的最前沿理论。

政府规制质量理论以政府内规制理论为基础，它从政府内部的视角来考察并解决政府规制在制定和实施中所存在的质量问题，侧重通过采取合理的规制政策、工具等实施规制的源头，以达到解决政府规制内部缺陷并获取高水平政府规制的能力。政府规制理论不断发展与深化，当前政府规制理论研究的重点逐渐转向对政府规制机制的关注，问题的重点不再是需不需要规制，而是怎样规制、如何能够提高规制效率的问题，即更加关注规制质量。政府规制质量的成效与能否形成有效的具体产业规制政策有直接关系，是规制体系中的关键节点。总之，当前对政府规制质量问题的研究成果丰富，多集中于实施规制的政府如何提升政府规制质量的政策分析及实施工具、方法等方面，但出现理论研究落后于规制实践发展的现象。

3. 规制质量的概念界定及相关研究

在国际经济合作组织以提升规制质量的规制改革背景下，规制理论的研究逐渐展开，但尚处于初步研究阶段，较为零散，没有形成体系。现今规制质量的概念在学术界还未达成共识。从本质上讲就是高质量的政府规制，但从如何涵盖其特征、实现途径等方面的内容对其进行明确定义并非易事。当前，对政府规制质量概念的界定可以从国际组织、国家以及专家学者三个视角来阐述。本书主要从专家学者视角进行总结。

Radaelli 和 De Francesco（2004）指出，规制质量是一个复杂的概念，主要包含治理、质量过程质量和结果质量。他们在规制指标结项报告中对规制质量进行了界定，认为规制质量的概念可以从实施工具、实现标准以及指标体系三个方面进行细分。此外，他们在规制指标结项报告中对规制质量进行了界定，认为规制质量的概念可以从实施工具、实现标准以及指标体系三个方面进行细分，但在目前对实现规制质量工具的认识较为统一的背景下，主要从实现规制质量的工具角度对其概念进行界定，指出规制质量是相关利益全体行为的优化。Jacobs（2006）认为规制质量是：如果市场机制效果低于政府规制领域放松规制，可以实施更多规制从而使得政府与社会规制有效率，能够以较低的成本获取高标准的安全与环境保护。Antonilo 等指出，面对不同群体，规制质量的含义存在差异，衡量规制质量的指标应该与促使规制措施产生理想效果的能力相关。Baldwin 和 Cave 认为规制质量来源于规制的合理性，规制质量理应包含立法机构的命令、问责、效率等要素，其评估应当重视规制的实际效果。Jalilian 等（2003）认为，规制质量的判断应当从规制结果的质量和规制过程的质量两个方面考量。Anthony 等（2005）构建了规制质量公式，规制质量的认知 = F（政府信用）= F（f（政府结构）），即规制质量认知是政府结构的复合函数，并构建了规制质量的模型。

我国对规制质量的展开研究较少，仅是在相关研究中有所涉及，多数都处于对国外规制改革和规制影响评价的归纳与总结阶段。孙浩康（2006）总结了规制影响评估理论，对欧盟等国家规制影响评估制度及经验进行了阐述。王云霞（2006）从我国规制改革现状出发，提出从创建高质量的规制制度、建立规制质量评估机制、增进规制效率等方面改善我国规制质量的思路。吴英慧（2008）从政府规制质量的理论来源、政府规制质量的概念等角度对西方国家规制质量理论进行总结，并分析了该理论对我国规制改革的启示。吴英慧和高静学（2009）分析了韩国规制改革的历程及改革内容，总结了韩国规制改革的特殊经验及对中国规制改革的借鉴意义。

（二）环境规制质量的原则

随着规制改革的不断推进，在世界环境问题日益尖锐的背景下环境规制问题面临新的挑战，为了提升环境规制质量，大量西方国家相继制定了本国环境规制质量原则或标准，以维护本国环境规制制定和实施过程的质量。优质环境规制的原则或标准表明了规制质量的原则性特征，是各国制定并实施环境规制政策的主要参考标准。传统环境规制工具的局限性是环境规制质量原则制定的核心驱动力。命令型与控制型环境规制工具的局限性主要表现在规制效能、规制的有效性、规制经济效率、规制管理四个方面。

1995 年国际经济合作组织制定并颁布了第一个规制质量的世界标准，该标准倾向于解决环境规制的制定质量问题。1997 年《经合关于规制改革报告》扩展了优质规制原则的内容，倾向于对现存规制质量的控制。2005年规制质量与绩效指导原则进行修改，并扩充了解释内容与从属建议，该体系从全局视角来指导政府规制质量的发展方向，它提出了在广泛的政治层面进行监督改革、建立明确的目标和框架等指导方针。这为各国在实施规制改革进程中制定国家规制政策提供了借鉴。从上述规制质量原则发展的历程可知规制质量原则已较为完备，但由于规制改革并非一次性行为而是具有持续性，因此其需要从动态角度看待。

在环境规制质量原则方面，Ribeiro 和 Kruglianskas（2015）通过对传统规制工具局限的分析，构建了包含参与性、分散化、预防性等完整的环境规制质量原则的最终清单，为环境规制质量原则的研究做出了一定贡献。

（三）环境规制质量及评价原则的文献评述

环境规制质量是政府规制质量的重要组成部分，具体是指政府制定并执行环境规制政策达到既定环境规制目标的能力以及实现程度。环境规制质量包含政府环境规制能力和既定环境目标实现程度两个方面。通过梳理相关文献可以看出，学者们就环境质量与环境规制质量评价原则进行了较多努力，为本书研究的开展奠定了坚实的基础，但是仍然存在一些不足和有待改善的地方。

一方面，对于规制质量的理解是逐步深化的过程，政府规制质量是影响政府效能的关键，能够影响政策的稳定性，在经济全球化时代下是国际竞争力的决定因素。目前关于规制质量的含义尚未形成统一认识，但关于规制质量的解释却存在一个共同点，即如何在竞争日益激烈的背景下通过积极的规制改革提高规制质量？同时，国内相关研究较欠缺特别是在实证研究层面，有待进一步完善相关研究。

另一方面，尽管国外有文献探讨了环境规制质量的原则，但是针对中国的实证研究尚为空白。基于倒逼绿色技术创新投入、诱导绿色进步、促进绿色技术创新能力提升与扩散等视角展开理论建模和实证研究，有助于构建符合中国国情的环境质量评价体系。

三、绿色创新驱动力的国外相关研究

（一）绿色创新驱动力的主要理论背景

在强调绿色创新的背景下，一般创新文献理论并不适合探索绿色创新驱动力的理论框架。因此，研究绿色创新的驱动力要与一般的创新驱动力加以区别。通过梳理，现有国外文献对绿色创新驱动力的理论背景主要有以下几种：

1. 一般创新理论

沿用常规的创新理论，大多数文献认为，创新的驱动力包括推动因素（在产品开发阶段具有重要性）和市场（或需求）拉动因素（在扩散阶段很重要）（De Marchi，2012）。许多关于绿色创新的研究也考虑了监管和制度框架的作用（Horbach，2008；Porter and Van der Linde，1995）。另外，Horbach（2008）扩大了一般创新理论，提出了一种新的创新理论，即环境创新理论，它包括需求方、供应方、制度和政治影响驱动的创新。也有学者试图从这一视角构建绿色创新驱动力的理论体系（Horbach et al.，2012；Triguero et al.，2013）。

2. 基于制度理论和资源理论

（1）基于制度理论。从机构视角来看，如果组织想要确保其合法性、持续经营和获得资源，就必须符合并遵守法规和规则（Li，2014；Lin and Sheu，2012；Zhu et al.，2010，2012）。此外，组织倾向于实施绿色实践，以满足和保持其利益相关者的财政支持（Govindan et al.，2015）。同时，基于应用制度和新制度理论视角，已有文献表明，绿色创新的组织行为是通过三种力量共同作用的（Spence et al.，2011）。第一，强制性压力

（与监管性制度相关或由机构施加的法规）通过权力（如政府机构）发生时。Zhu 等（2010）认为环境法规是强制性压力。第二，模仿的压力（与商业领袖的模仿相关）发生时，公司通过模仿成功的行动跟随行业竞争对手。第三，规范压力（与采用认证或认证相关）通常由内部或外部利益相关者施加。此外，Zhu 等（2010）认为所有制度压力都有潜力和能力影响组织对环境问题的反应。Zhu 等（2012）也指出，国际制度压力与主动的环境实践有关，如 ISO 14001、TQEM 和生态审计等。

（2）基于资源理论。研究表明，为了保持竞争优势（Barney，1991），公司的资源是有价值的、稀缺的、不可模仿的和不可替代的。这些资源包括人力资源、知识资源、信息技术和资本以及可分离的无形资源（包括知识和知识产权）和有形资源（资产和设备）（Leonidou，et al.，2013）。

当然，为了检验绿色创新的驱动力，也有很多研究者使用了上述两种互补理论的一些组合进行研究（Qi et al.，2010；Doran and Ryan，2012；Pereira and Vence，2012；Kesidou and Demirel，2012；Tatoglu et al.，2014）。Yarahmadi 和 Higgins（2012）将绿色创新的驱动力归结为制度理论和资源理论的混合体。

3. 基于内外因辩证原理

绿色创新的驱动力也可以分为内部因素和外部因素（Yen and Yen，2012；Agan et al.，2013）。内部因素绝大多数是指公司内部先决条件和既有特征，这些因素与公司是否参与绿色技术变革直接相关。因此，环境管理系统（EMS）具有展示公司内部重要能力的潜力，促进了绿色创新的连续生成或采用（Wagner，2007）。外部因素来自激励和刺激，来源于更广泛的执行者和施加影响的因素，企业必须对此做出反应。外部驱动因素代表了与其他制度、市场和社会行动者的互动（Del Río González，2009）。

在各类关于分析绿色创新驱动的理论框架中，通过梳理可以发现，这些理论存在一些相通之处。尽管不同的理论之间存在分歧，但是驱动因素却基本是相同的，集中在法规、客户需求、竞争对手、预期利益和公司的一般特征（如企业规模和企业年龄以及人力、财务和其他物质资源等）。

为增强我国整体创新力，党的十九大报告提出，应"着力构建市场机制有效、微观主体有活力、宏观调控有度的经济体制"。基于此，我们试图将影响绿色创新的驱动因素归为三类进行分析：①微观层面，从企业结构、管理者价值观和企业资源与创新能力等视角，总结激发微观主体绿色创新活力的动力因素；②中观层面，从市场动态、环保压力和融资约束等角度切入，归纳有效促进绿色创新的市场机制驱动因素；③宏观层面，从政策工具、监管预期和创新系统等维度进行归纳，以期发现促进绿色创新的宏观调控手段。

（二）宏观层面的驱动因素

很多文献认为，监督或者环境规制可以促进绿色创新（Doran and Ryan，2012；Horbach et al.，2012），并帮助其扩散（Wagner and Llerena，2011）。这些研究源于波特假说，Porter（1991）认为，严格且合理的环境规制策略可以促进企业从事更多的创新和研发活动，进而提高企业的科技实力水平与市场竞争力，带来该产业乃至一个国家整体竞争力和经济发展水平的提高。Doran 和 Ryan（2012）发现，绿色创新和企业高利润之间并非对立的权衡取舍关系，这表明决策者可以刺激增长并创造一个更绿色的社会。然而，有研究也表明，除了少数特例外，大部分绿色技术进步高度依赖政府干预，即政策驱动（Jänicke and Jacob，2004）。不仅如此，这些研究仍有两个问题需要回答：一是怎样的政策工具才是真正有效的；二是监管预期是否会影响绿色创新。

1. 政策工具

（1）环境规制。尽管将环境规制与技术创新关联的实证研究越来越多，但大多数环境政策的经济模型将技术视为外生给定的，而忽略了技术进步对环境政策的内生性效应，因而未能全面地反映绿色技术进步对环境带来的影响，并且扭曲了环境规制的经济成本。因此，部分学者通过将环境技术内生化，把内生技术进步理论引入到环境分析的模型中。现有的内生环境技术进步的研究，更多地表现为诱导型技术创新。Popp（2004）修改了气候变化的 DICE 模型，并允许能源部门的诱导创新，发现忽略诱导型技术进步，导致最优碳税政策的福利成本被夸大 9.4%。此外，该研究还通过敏感性分析，发现研发部门其他创新和市场失灵的潜在挤出是诱导型技术创新潜力最重要的限制因素。Van der Zwaan 等（2002）通过在气候变化宏观经济模型中引入内生技术变化，分析其对最优 CO_2 减排和碳税水平的影响。把内生技术进步纳入环境变化的分析中虽然弥补了技术外生带来的问题，但由于缺乏对技术进步方向影响的系统性分析框架，故这些研究都停留在单一环境技术之上，缺乏对不同环境政策影响绿色技术进步的研究。如 Horbach 等（2012）研究发现，环境规制可能会影响一些类型的绿色创新，如减少空气、水、噪声排放，避免有害物质和增加产品的可再循环性。

（2）研发支持。研发补贴对绿色创新而言具有两方面的影响：一方面，如果公共和私人研发经费从其他领域转移到补贴绿色技术研发，可能会对其他创新产生挤出效应；另一方面，对于获得财政资源困难的公司而言，可能需要补贴来抵御潜在的挤出效应。Fischer 和 Newell（2004）比较了研发补贴和旨在减少美国电力部门碳排放的其他政策，发现研发补贴是减少排放的最有效的政策工具。不过，尽管论证 R&D 补贴效果方面可以认为是合理的，但这一研究没有考虑来自知识溢出的社会效应，也没有考虑政策组合的作用，而 Popp 和 Newell（2012）进一步研究则发现，新能源研发会挤占其他类型的研发支出。

（3）政策组合。Carraro 和 Siniscalco（1994）认为，对环境保护、环境政策和行业政策进行整合可能比传统的环境政策更有效率。近年来越来越多学者指出，运用政策组合引导创新偏向绿色技术是必要的（Jänicke and Lindemann，2010）。Veugelers（2012）研究发现，多项政策组合及其良好时机配合下，政策工具在驱动绿色创新时效果更加显著。Acemoglu 等（2012）在环境约束的增长模型中引入内生的导向型技术进步，通过两部门导向型技术进步模型研究税收、补贴等不同的环境规制工具对绿色技术进步和污染型技术进步的影响，研究发现，当清洁生产部门和非清洁生产部门可以充分替代时，通过临时性的环境规制工具可以使创新投入转向清洁生产部门，实现绿色技术进步。此外，在非清洁部门生产过程中，如果投入品是可耗尽资源，在市场机制作用下创新投入将转向绿色创新。其他研究也支持需要混合的政策工具（Brouillat and Oltra, 2012；Klewitz et al., 2012；Williamson and Lynch - Wood, 2012）。例如，Williamson 和 Lynch - Wood（2012）提出，由于企业面对特定形式的监管时表现不同，比较而言，较为柔性的监管治理比直接监管形式在诱导绿色创新方面更加有效；Klewitz 等（2012）研究还发现，中小企业可能需要为不同类型的中间人（公共和私人）提供不同程度的支持（从定制到松散支持，如网络），进而驱动其进行绿色创新；Brouillat 和 Oltra（2012）重点关注三种类型的政策工具（回购、税收和规范）对绿色产品的影响，结果表明，只有税收补贴制度和严格规范可以显著驱动绿色技术的创新和产品设计的重大变化，且每种工具的影响显著性取决于制度的严格程度和奖励幅度；Horbach 等（2012）研究发现，环境规制可能会影响一些类型的绿色创新，如减少空气、水、噪声排放，避免有害物质和增加产品的可再循环性。

关于绿色创新的最优政策组合，Acemoglu 等（2016）的研究发现，碳税和直接研发补贴均能推进绿色创新，但最优政策组合在很大程度上依赖于研发补贴。不过，Kesidou 和 Demirel（2012）研究也发现，环境规制的严格程度对创新力不同的公司，影响力也有显著差异。为此，将企业创新能力纳入政策工具的驱动力研究是未来研究的一个方向。

2. 监管预期

作为一项未来的政策措施，无论是在研究探讨阶段还是已经被决策者认可的时期，其内容会对社会产生一种期望，特别对那些可能受到影响的企业来说，这种预期将对其绿色创新产生积极影响（Triguero et al., 2013）。

不过，监管预期首先需要考虑国家背景和区域因素。例如，在转型期的经济体是否会采取竞争性环境战略就要充分考虑一些会阻碍环境政策的因素，特别是以低劳动力成本为竞争主导、以提高劳动生产率为高度潜力的国家或者地区，往往缺乏环境和产业政策，在企业和政策环境中经常会忽视绿色创新在缓解资源环境压力方面的作用。在这种经济体中，技术创新、经济发展和环境管理会出现一定程度的分权治理局面，进而成为绿色创新的区域"灯塔"（灯下黑），也被称为过渡区域（Cooke，2011）。这些特定区域的制度和环境治理与国家绿色创新制度直接相关，特别是垂直管理会显得更加高效。

3. 创新系统

由于缺乏足够的数据，已有的实证文献在分析绿色创新决定因素时往往会选择性忽视区位因素，以及与之关联的创新系统。Gee 和 McMeekin（2011）研究发现，采用举国体制的绿色创新系统在驱动绿色创新成效显著。Horbach（2014）进一步发现，与其他创新相比，外部知识来源（如区域邻近研究中心和大学）对于绿色创新显得更加重要。他还指出，与过渡区域的以前研究领域不同，绿色创新更可能发生在经济欠发达地区甚至是贫困地区，并且这种创新对城市化优势的依赖性似乎很小。这一研究发现表明，绿色创新对于经济欠发达地区而言，可能是一个实现超越的机会，为此，提倡绿色创新，挖掘绿色创新的驱动力，对我国经济转型升级和实现经济"又快又好"发展是一个很好的切入点，值得深入研究。

创新系统是能否成功实现绿色创新的关键因素之一，但这一因素也需要生产系统的支撑（Mazzanti and Zoboli，2009）。例如，工业集聚区的创新密度、知识溢出和正外部性能够有效支撑创新系统，进而为推动绿色创新提供动力。

（三）中观层面的驱动因素

中观层面，大多数文献试图找出影响企业进行绿色创新的因素，如融资歧视（Johnson and Lybecker，2012）、市场需求（Horbach et al.，

2012）、产业压力（Yalabik and Fairchild，2011）或行业特征（Peiró–Signes et al.，2011），这些因素可以归纳为以下三个层面。

1. 市场动态

市场的变化趋势与引发绿色创新可能直接相关，特别是供应商和消费者的共同作用加强了这种联系（Wu，2013）。一些研究表明，消费者的消费意愿（需求）可以解释企业参与绿色创新的决定（Doran and Ryan，2012；Grunwald，2011；Horbach et al.，2012），这一驱动因素称为市场拉动作用。有学者认为，客户压力引导公司进行绿色创新而不是大量投资（Kesidou 和 Demirel，2013）；Li（2014）则发现，海外（不是国内）客户压力是绿色创新的重要驱动力。

同时，市场竞争压力也是驱动企业进行绿色创新的重要因素。Bansal 和 Roth（2000）认为，通过积极展开绿色创新可以提高企业的市场竞争力，这是企业参与这类创新的重要驱动力。Brunnermeier 和 Cohen（2003）则发现，面对国际竞争的公司更加可能进行绿色创新。

2. 环保压力

社会群体或者利益相关者的环保压力是影响企业是否参与绿色创新的另一种力量。Guoyou 等（2013）认为，尽管外商投资只影响绿色技术的运用，但海外消费者可以在推动企业采用绿色生产技术和实施绿色创新战略方面发挥积极作用。与此同时，企业的环保压力也受到其所属行业的影响（Peiró–Signes et al.，2011）。例如，化工行业通常被认为是存在严重污染的行业之一，针对其产业的安全生产、运输和处理，在环境保护层面均有比较系统的法律法规以及行业规范。为了缓解企业面临的环保压力，González–Moreno 等（2013）研究发现，大多数化工企业希望通过积极参与绿色创新，试图改变这种消极的社会影响。与之对应的，汽车工业也被认为应该在产品设计和绿色创新方面承担更多的社会责任（Sierzchula et al.，2012；Segarra–Oña et al.，2011）。不过，现有文献似乎不太关注服务业在绿色创新方面应该受到的环保压力（Cainelli and Mazzanti，2013）。

3. 融资约束

关于融资约束的压力，已有文献的普遍观点是建议减少对中小企业的约束，以激励绿色创新（Cuerva et al.，2014）。Johnson 和 Lybecker（2012）探讨了绿色创新的融资渠道问题，Halila 和 Rundquist（2011）研究发现，相对而言，展开了绿色创新的私营企业比其他创新者在吸引风投资本时显得更加艰难。因此，融资可获得性被认为是绿色创新的关键驱动力（Johnson and Lybecker，2012）。

（四）微观层面的驱动因素

关于绿色创新的微观层面驱动因素，Pereira 和 Vence（2012）尝试根据企业的结构特征（如规模，年龄）、管理者价值观决定的发展战略和业务网络、企业既有资源和创新能力等层面来分析。

1. 结构性因素

作为一个结构性因素，公司规模与绿色创新之间倾向于正相关（De Marchi，2012），意味着更大的公司比小公司更有可能进行绿色创新（Gil et al.，2001；Hofer et al.，2012；Kesidou and Demirel，2012）。大型公司在资本、系统化研发部门及其他有利于创新方面的资源具有优势，进而导致公司规模越大，绿色创新的可能性越大（Kesidou and Demirel，2012）。不过，这个结论也正在受到挑战，Wagner（2008）发现，企业规模不会对企业进行环境产品或过程创新的可能性产生任何影响，Revell 等（2010）发现中小企业的绿色活动已经激增，并且有绿色创新的倾向。

关于公司年龄，Rehfeld 等（2007）发现公司年龄与绿色创新之间的概率呈 U 形关系。公司越年轻，越有可能（绿色）创新，新的企业在创新方面具有优势（Acs and Audretsch，1990），虽然这种（绿色）创新性随着公司年龄增加而减少，但更成熟的公司可能已经有了更加丰富的技术基础，从而导致绿色创新的实现（Rehfeld et al.，2007）。

2. 管理者价值观

管理者的价值观决定了公司的战略和经营理念，Paraschiv 等（2012）

认为这两点进一步影响了企业采纳和实施的环境理念，并且这一结论在一些行业中得到了验证（Qi et al.，2010）。虽然绿色创新的发展往往起源于操作层面，但它更取决于企业关于环境方面的发展战略（Wagner and Llerena，2011）。值得注意的是，尽管进行绿色创新的公司期望将环境和技术经济目标结合在一起，但不幸的是，在实践过程中前者往往不是优先考虑的事项（Bergouignan et al.，2012）。为此，管理者的价值观就显得更加重要。

3. 企业资源与创新能力

企业的既有资源和创新能力是影响企业能否成功实现绿色创新的另一微观层面因素。实施环境管理系统能够促使组织减少对环境的破坏并提高其运行效率，Demirel 和 Kesidou（2011）认为，ISO14001 认证有效提高了企业对绿色技术研发的积极性。此外，实施自愿性方案认证也可以推广绿色技术的运用（Leenders and Chandra，2013）。同时，Acemoglu 等（2012）也发现，路径依赖是影响企业技术进步方向的重要因素，即企业创新能力对企业是否能成功进行绿色创新有重要影响。但现有文献在企业技术能力方面的分析，并没有得到明确的共识。一方面，Blum - Kusterer 和 Hussain（2001）观察到新技术是可持续性改进和生态变化的结果，Segarra - Oña 等（2011）发现，创新活动和技术采购的总支出影响了企业的技术创新取向，Horbach（2008）发现，研发技术能力的提高会触发绿色创新；另一方面，Cuerva 等（2014）却指出，技术能力如研发和人力资本对促进传统技术创新有积极作用，而不是绿色创新。

（五）绿色创新驱动力的文件评述

驱动力是绿色创新实施（或发展）的决定性因素。上文在梳理主要创新理论的基础上，从微观、中观和宏观三个层面回顾了国外关于绿色创新驱动力的最新研究进展。基于文献综述，我们发现：①在宏观层面，现有文献主要集中在环境规制、研发支持以及不同政策组合对绿色创新的影响，同时部分文献也发现，监管预期和创新系统对其影响也是显著的。

②在中观层面，市场动态、环保压力和融资约束是促进绿色创新的关键要素。③从微观层面来看，结构性因素、管理者价值观、企业资源与创新能力是发展绿色创新的重要因素。

基于前面的文献回顾，可以得到如下研究启示：一方面，作为发展中国家，我们应该借鉴欧美国家的经验，针对绿色创新展开更加广泛的研究，特别是将中国发展中面临的问题纳入研究体系中。另一方面，绿色技术创新是绿色创新的核心，已有研究表明，绿色技术创新高度依赖政策驱动（Jänicke and Jacob，2004；Hall and Helmers，2013；Ley et al.，2016），波特假说理论认为"良好设计的"环境规制有助于提高生产力和促进技术创新，为此，从政策视角挖掘绿色技术创新的驱动力对我国经济高质量发展具有重要意义。

四、绿色技术创新驱动力的相关研究

绿色技术创新是绿色创新中的核心，兼具技术创新与环境效应的双重外部性。由于绿色技术创新存在外溢性、不确定性等特征，导致绿色技术创新动力不足的现象，为推动绿色技术创新，需要对其驱动力进行研究。关于绿色技术创新驱动力的研究可以从不同视角加以总结，如绿色技术创新的外部、内部和内外部互动驱动因素视角。

（一）绿色技术创新的外部驱动力

1. 基于制度理论的外部驱动力

制度可以通过制度压力和制度支持两种方式影响企业的生产活动。学者们从不同的视角实证研究了制度环境对绿色技术创新的影响。张倩和曲世友（2013）分析了不同环境规制政策对企业绿色技术创新意愿程度的影响。张天悦（2014）指出绿色创新导向的环境规制是一系列与环境有关的政策法规的集合，它的目的是推进企业乃至全社会的绿色创新活动。Lin 等（2014）指出环境规制会促进绿色产品及绿色生产过程的创新。曹霞和张路蓬（2015）在利益相关者理论的基础上，对企业绿色创新参与主题进行利益与权力的划分，构建了包含政府、企业和公众在内的演化博弈模型。

2. 基于利益相关者理论的外部驱动力

包括政府、消费者、非营利性组织在内的相关群体与企业的生产目标之间存在相互影响关系。一方面，由于绿色技术创新产生的正外部性，其溢出效应使得企业缺乏进行绿色技术创新的动力；另一方面，波特假说及其理论的支持者认为，"良好设计的"环境规制能够有效地激发企业的绿色技术创新活动，进而实现经济与环境的良性互动。Lanoie 等（2011）对 OECD 的 4200 家机构进行实证研究发现，严格的环境规制对环境效益、经济效益并没有显著的正效应，相反，市场化规制对企业绿色技术创新有显著的正效应。但 Berrone 等（2013）的实证研究却发现，不同规制政策对不同企业的技术创新活动具有显著的差异性影响，但并没有发现环境规制选择本身对企业绿色技术创新活动的激励作用。

（二）绿色技术创新的内部驱动力

环境技术创新的内部驱动力主要基于环境战略相关理论，包含两种思路：一是企业获取或构建特色性资源或能力是企业绿色技术创新的基础，其代表性学者有 Hart（1995），Sharma 等（2013）；二是对影响企业绿色技术创新的内部组织层次进行实证分析，其代表学者为 Horbach 等（2012）、Berrone（2013）等。提升企业绿色产品竞争力、企业家创新精神以及企业的环保形象是企业进行绿色技术创新的主要内部动力。

（三）绿色技术创新的内外部驱动力

Prakash（2001）将企业绿色技术创新的外部驱动力和内部决策过程结合，得出企业遵循严格环境规制政策的动机。关劲峤等（2005）认为，企业的内部与外部驱动因素的相互作用共同促进了企业的环境选择行为。朱庆华（2010）借助中国绿色物流发展案例，得出政府环境规制、绿色壁垒以及内部企业竞争行为等共同推进企业绿色物流的发展。李永波（2013）以博弈论和空间经济学理论为基础，提出企业规模和政府规制执行力是影响企业应对环境规制的反应行为。

除从上述视角对绿色技术创新驱动力进行总结外，杨发庭（2014）将需求拉动力、政策推动力、法律保障力等作为绿色技术创新的外部驱动力，利益驱动、技术研发基础、企业家精神和企业内部制度作为绿色技术创新的内部驱动力（见图2-2）。李杰中和孙绍旭（2013）基于 CAS 理论构建了包含要素层、主体层和环境层三个层面的生态旅游绿色技术创新动力机制。Díaz - García 和 González - Moreno（2015）从微观、中观、宏观三层面构建了生态创新驱动的多层次框架（见图2-3）。

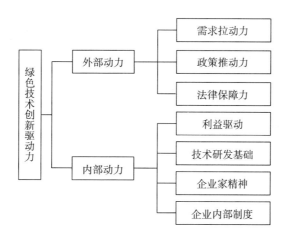

图 2 - 2　绿色技术创新的内外部驱动力

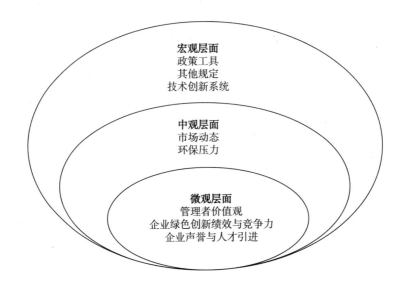

图 2 - 3　多层次绿色创新驱动框架

五、环境规制与绿色技术创新的有关文献

（一）波特假说的相关研究

1. 波特假说提出

根据传统的经济学理论，环境规制对社会来说虽然会带来环境治理效应的改善，但严格的环境规制策略还会造成生产企业成本的上升，进而导致企业竞争力的下降以及部分企业被迫退出市场，由此造成相关产业的萎缩以及国家或地区经济发展水平的下降，因此，环境规制对经济发展也具有负面影响，二者不可调和。但 Porter（1991）认为，传统新古典经济学的观点从静态角度分析两者的关系，将两者的关系严格对立起来有失偏

颇。严格且合理的环境规制策略可以促进企业从事更多的创新和研发活动，进而提高企业的科技实力水平与市场竞争力，带来该产业乃至一个国家整理竞争力和经济发展水平的提高，应该动态地、长远地看待环境保护与经济发展的关系，这一观点又被称为波特假说。

随后，Poter 和 Linde（1995）又对该观点做了进一步诠释，阐述了环境规制通过促进创新从而提升企业竞争力的过程，为我们分析环境规制与经济增长之间的关系提供了一个全新的视角和思路。

2. 围绕波特假说的争论

波特假说自提出以来，就在学术界引起了不小争论。反对者认为由于信息不对称、市场失灵等问题，企业可能不愿采取拥有净收益预期的某种风险或者行动。Jaffe 等（1995）、Palmer 等（1995）、Simpson 和 Bradford（1996）认为，企业作为经济生产活动的主体，其目的在于实现自身利润最大化，如果增加污染投入的成本不但可以通过创新产生的利益抵消，还能通过提高自身竞争力并获得正利润，那么企业就会主动、积极地去实现，而不是非得需要环境规制来约束。也就是说，环境规制虽然对企业生产的负外部性有积极消除作用，进而提高社会总体福利，但是也会以企业私人成本增加、生产效率下降为代价，所以"天下没有免费的午餐"。

除了理论研究之外，波特假说也引发了大量实证检验。一方面，从环境政策能否引发企业创新活动的角度分析，即对弱波特假说的研究。Lanjouw 和 Mody（1996）对美国、日本和德国的描述性分析发现，美国、日本和德国的环境专利在所有专利中的份额在 0.6% 和 3% 之间变化，高于相应的污染减排支出占 GDP 的份额，环境规制与创新之间存在合理的联系。Jaffe 和 Palmer（1997）发现美国制造部门的监管和研发支出之间存在正向联系，但监管和专利申请之间却没有这种联系，关注环境创新的研究得出了不同的结论。Brunnermeier 和 Cohen（2003）则分析了美国制造业的环境创新如何响应 1983～1992 年污染减排支出和监管执行的变化，发现环境创新（环境专利申请数量）对污染支出的增加做出了正向反应，然而，环境监测和执法活动的增加没有提供任何额外的激励创新。Johnstone等（2010）研究了环境政策对可再生能源具体情况下技术创新的影响。他们在1978~2003年，利用25个国家小组的专利数据进行分析，发现不同类型的政策工具对不同的可再生能源有效，基于广泛的政策如可交易能源证书，更有可能在接近与化石燃料竞争的技术上引发创新。

另一方面，从环境规制对经济增长的影响来分析，即对强波特假说的研究。Conrad和Wastl（1995）通过德国1975~1991年的数据，分析了环境规制对重污染产业生产效率的影响，发现污染治理成本对企业生产效率的影响存在差异，有些产业的生产效率会导致显著降低，但另一些产业却影响不显著。Boyd和McClelland（1999）则分析了1988~1992年美国纸浆和造纸业环境规制对生产率的影响，发现环境规制下生产率降低之间关系显著。Alpay等（2002）考察了1971~1994年环境规制对美国与墨西哥的食品制造业利润率和生产率的影响，发现环境规制对墨西哥食品业利润率影响为负、生产率影响为正，但是对美国生产率则存在负向影响。Lanoie等（2008）利用1985~1994年加拿大魁北克地区制造业的相关数据对波特假说进行验证，结果发现环境规制在短期内对产业生产率具有负相关效应，但在长期来看会激励生产率的增长。此外，Majumdar和Marcus（2001）采用美国150个电力企业的数据分析不同环境规制政策工具对产业生产率的影响，发现设计较好、灵活的规制工具对生产率有正的影响，设计不好的规制工具对生产率有负的影响。季永杰和徐晋涛（2006）采用随机前沿生产函数方法，对全国120多家造纸企业1999~2003年的调查数据进行了分析，国家环境规制强度的提高带来了显著的效率提升，但是规制政策对不同类型的企业产生了不同影响，小型企业受到更多是负面影响。张友国（2004）在一般均衡分析框架下，通过拓展排污费分析模型和1994年各行业的投入产出分析，发现排污费政策并没有对各行业带来显著的负向影响。傅京燕（2006）使用环境—竞争力矩阵的分析框架，分析环境规制对中国出口产业竞争力的影响，发现环境规制对中国出口产业竞争力并未带来显著的不利影响。

通过以上学者的研究我们发现，国内外学者在波特假说的研究层面和结论上存在差异，但总体上随着时间的发展，更多的学者倾向于认为环境规制在引发企业创新活动、提升生产效率方面具有积极作用。

3. 环境规制影响绿色技术创新的相关理论研究

Braun 和 Wield（1994）认为绿色技术是符合生态价值规律，能够实现资源节约和环境保护，达到生态负效应最小化的技术总称。在不同的文献中，也将绿色技术称为低碳技术、生态技术、环境技术和可持续发展技术（张静和周魏，2015；李旭，2015；李广培和全佳敏，2015）。Jänicke 和 Jacob（2004）发现，绿色技术进步高度依赖于政府干预，即政策驱动。Porter（1991）基于动态视角，提出了著名的波特假说，认为企业在规制政策的引导下能够借助创新实现高利润与环境保护的双赢局面。Porter 和 Van der Linde（1995）进一步从环境保护提升企业竞争力的运作机制层面扩展完善了该理论。Acemoglu（2012）在环境约束增长模型中引入内生的导向型技术进步，通过两部门导向型技术进步模型研究税收、补贴等不同的环境规制工具对绿色技术进步和污染型技术进步的影响，发现当清洁生产部门和非清洁生产部门可以充分替代时，通过临时性的环境规制工具可以使创新投入转向清洁生产部门，实现绿色技术进步。此外，在非清洁部门生产过程中，如果投入品是可耗尽资源，在市场机制作用下创新投入将转向绿色技术创新。张倩和曲世友（2013）研究了政府实施排污税环境规制下企业与政府之间的博弈关系，发现完善环境规制政策对激励企业绿色技术创新的可能性。Eichner 和 Runkel（2014）则通过居民、企业和政府的博弈均衡分析，探析了促进企业绿色技术创新环境规制政策的选择。曹霞和张路蓬（2017）通过构建政府、企业与消费者之间的三方演化博弈模型，研究发现高强度污染税收、低强度公众环保宣传与适度的创新激励补偿对企业绿色技术创新的促进效果最为明显。

（二）环境规制对绿色技术创新作用效应的实证研究

关于环境规制对绿色技术创新作用效果的实证，大多集中于对波特假说的验证，国内有不少学者对相关文献从技术创新的投入、产出和绩效以及技术扩散等层面进行了总结。

1. 基于绿色技术创新投入

国外大量学者从企业层面分析了环境规制对绿色创新投入的影响。已有文献表明，这种影响存在挤出效应与创新补偿两种对立的观点。挤出效应认为，在忽略长期可持续的讨论话题中，遵循环境政策通常迫使企业将一部分投入用于污染预防和减排，这种投入至少在财务核算中是无法实现价值增值的，投入增加会抑制企业生产（Ambec et al.，2013），也可以是因为减排导致企业的生产成本直接上升，还可能因为受规制影响而导致投入价格上涨（Barbera and McConnell，1990），进而影响企业可用于创新的资本减少，导致对技术创新产生挤出效应（Popp and Newell，2012）。创新补偿观点主要来自波特假说的三种解释：①基于弱波特假说的观点，企业均为最大化利润的追求者，环境规制约束相当于企业在金融领域面临着一个仅次于金融约束的额外环境约束，他们通常会寻找有效而最节约成本的方式来遵守新法规，Jaffe 和 Palmer（1997）认为，企业尽管一定会增加用于创新的总资本，但会通过选择性创新投入来降低合规成本。这一结论被一些学者的实证研究所证实（Lanoie et al.，2011；Rubashkina et al.，2015）。②基于强波特假说的观点，环境政策会促使企业重新考虑其生产过程，而企业没有完全有效地运行，因此，改进生产过程的成本节约足以提高竞争力。也就是说，增加创新的资本投入会产生超过遵循成本的额外利润（Jaffe and Palmer，1997）。当然，这种结论正受到一些研究的挑战（Rexhäuser and Rammer，2014；Rubashkina et al.，2015）。③基于狭义的波特假说观点，对于那些只针对结果不关注过程的环境规制政策，更可能增加创新（Jaffe and Palmer，1997），其中，通过价格信号解决市场失灵的环境政策工具效果更为显著。以上三个视角都得到这样一个结论：在"良好设计的"环境规制环境中，企业利用好规制政策加大技术创新投入，可以获得更好的财务业绩，从中获得环境效益（Gouldson et al.，2009）。

从监管强度层面看，国外经验表明，更严格的环境监管具有显著的绿色技术效应：基于微观层面，政策的严格性对于企业是否参与环境研发的决策具有显著影响（Johnstone and Labonne，2007；Arimura and Johnstone，2007；Lanoie et al.，2011；Yang et al.，2012；Horbach et al.，2012；Veugelers et al.，2017）。基于行业层面，一些学者（Jaffe and Palmer，1997；Hamamoto，2006；Yang et al.，2012）发现，更严格的法规对总研发投入具有积极影响。不过，Kneller 和 Manderson（2012）以英国制造业为例进行的研究发现，环境监管的严格性与环境研发支出之间存在显著正相关，但与总研发支出之间并没有显著关系；基于宏观与跨国视角，更严格的环境监管与绿色技术投入之间的显著关系也得到验证（Lanjouw and Mody，1996；Popp，2006）。

国内的相关文献主要基于省际层面展开（许晓燕等，2013；贾军和张伟，2014；张倩，2015；张华等，2014；涂正革和谌仁俊，2015；谢荣辉，2017；李婉红，2017；Zhang et al.，2017），从不同研究视角验证了波特假说，发现了一些中国特有的规律。也有一些研究从工业行业（李婉红等，2013）和企业层面（童昕和陈天鸣，2007；包国宪和任世科，2010；王国印和王动，2011；沈能和刘凤朝，2012；许士春等，2012；李婉红等，2013；成琼文等，2014；张彦博等，2015；王书斌和徐盈之，2015；孟凡生和韩冰，2017；曹霞和张路蓬，2017；张旭和王宇，2017）研究了环境规制对研发投入的影响。

2. 基于绿色技术创新产出

Lanjouw 和 Mody（1996）开创性地将专利数据引入清洁技术创新的研究以来，专利数据因其具有可细致定义绿色技术创新、与创新投入之间有很强的相关性、与社会经济数据进行有效的匹配等优点（Dechezleprêtre et al.，2011），而被大量文献用来反映绿色技术创新的产出。Johnstone 等（2012）选用 2001~2007 年 77 个国家的面板数据，研究表明环境规制与以专利来衡量的环境保护相关的技术创新显著正相关。王班班和齐绍洲（2016）通过构建中国工业行业节能减排专利数据，分析了不同环境规制工具对节能减排技术创新的影响。尤济红和王鹏（2016）认为，环境规制只有通过引导 R&D 偏向绿色技术进步，才能对工业部门的绿色技术进步产生积极的作用，并存在行业异质性（刘金林和冉茂盛，2015；李阳等，2014；张成等，2015；周晶淼等，2016）。基于导向型技术变迁理论，杨芳（2013）发现能源价格对节能技术创新有积极的促进作用。国内外大量学者的研究表明，环境规制有助于诱导绿色技术进步。Fischer 和 Heutel（2013）在内生技术增长之上强调路径依赖性，突出了立即采取环境规制行动所带来的潜在需求，特别是通过研究发现，临时干预措施有助于支持清洁技术的创新。Aghion 等（2016）研究发现当面临更高的含税燃料价格时，企业倾向于创新更多的清洁（和更少的非清洁）技术。Ley 等（2016）也发现能源价格对绿色技术进步具有显著创新诱导效应。国内学者罗传建和刘章生（2017）采用专利数据证实了中国的居民阶梯电价政策具有显著的绿色技术创新诱导效应。此外，在整体溢出效应和企业自身创新历史中，创新类型（清洁/非清洁）中存在路径依赖性。Calel 和 Dechezlepretre（2016）研究发现，欧盟排放交易体系使受监管企业的低碳创新增加了 10%，而不排斥其他技术的专利申请。类似地，国内学者（刘章生等，2017）也发现，产品信息标签对绿色技术创新具有显著的诱导作用。

3. 基于绿色技术创新绩效

创新的绩效一般用生产率进行度量。现有文献，包含两个层面的生产率，一是绿色生产率。Kumar 和 Managi（2009）分析了 80 个国家（地区）在 1971～2000 年由外生的技术进步和能源价格诱发的内生技术进步。近年来，国内大量学者基于省域、行业及长江经济带等层面，研究了环境规制对绿色全要素生产率和绿色经济效率的影响。大多数文献发现，环境规制对全要素生产率及绿色全要素生产率具有积极作用，但也存在较大的地域差异和行业异质性（王兵等，2008；陈诗一，2010；李斌等，2013；宋马林和王舒鸿，2013；景维民和张璐，2014；Chen and Golley，2014；王杰和刘斌，2014），并且之间关系是非线性的（李玲和陶锋，2012；张成等，2015；何枫等，2015；郭妍和张立光，2015；张江雪等，2015；原毅军和谢荣辉，2016；尤济红和王鹏，2016；陈超凡，2016；卢丽文等，

2017；冯志军等，2017）。相关文献的结论表明，环境规制对绿色经济效率表现出一定的地域特征、行业差异和企业异质性（白雪洁和宋莹，2009；颉茂华等，2014；卢丽文等，2016），并存在门槛效应（宋德勇等，2017）。也有学者考察环境规制对绿色创新效率及全要素生产率的影响，其结论主要围绕效率提升视角展开：有些文献认为，存在显著效率提升说（华振，2011）；有文献发现这种作用效果并不显著（江珂和卢现祥，2011；刘章生等，2017）；还有文献发现存在地域与行业差异，并检验了两者之间的门槛效应（张江雪和朱磊，2012；钱丽等，2015；肖仁桥等，2015；隋俊等，2015；何枫等，2015；王惠等，2016；罗良文和梁圣蓉，2016；曹慧等，2016）。

4. 基于绿色技术创新扩散

Jaffe 等（2003）认为，技术扩散是环境规制影响技术创新的重要阶段之一。Popp（2006）基于美、日、德的实证研究发现，主要是国内环境规制影响技术扩散，进一步地，Popp（2010）利用美国发电厂的数据，发现本国规制政策是促进绿色技术创新扩散的主导因素。国外学者（Wagner and Llerena，2011；Albrizio et al.，2017）基于不同国家的实证研究，也证实了环境规制有助于绿色技术创新扩散。国内学者（童昕和陈天鸣，2007；史进和童昕，2010；田红娜和李香梅，2014；陈艳春等，2014；徐建中和徐莹莹，2015；曹霞和张路蓬，2015；胡振亚，2016；郑晖智，2016；张跃胜，2016）基于企业、行业与地域市场等视角，探讨了环境规制对绿色技术创新扩散的影响，进而对其空间格局演化（付帼等，2016；李婉红，2017）产生影响，刘章生等（2017）进一步发现环境规制有助于促进地区间绿色技术创新全要素生产率的收敛。

5. 基于内生技术进步理论

尽管环境规制与绿色技术创新之间存在相互关系的实证证据越来越多，但大多数环境政策的经济模型将技术视为外生给定的，忽略了技术进步对环境政策的内生性效应，因而未能全面地反映绿色技术进步对环境带来的影响，并且夸大了环境规制的成本。

因此，部分学者通过将环境技术内生化，把内生技术进步理论引入环境分析模型中。现有的内生环境技术进步的研究更多地表现为诱导型技术创新。Van der Zwaan 等（2002）通过在气候变化宏观经济模型中引入内生技术变化，分析其对最优 CO_2 减排和碳税水平的影响，发现内生创新意味着更早地减排以满足大气碳浓度约束。Goulder 和 Schneider（1999）则研究了诱导型技术进步对于减少 CO_2 排放政策吸引力的意义，通过使用分析和数值一般均衡模型，发现碳减排政策对于跨行业的研发具有显著不同的影响，并不一定提高经济范围的技术进步速度，仅关注具有积极 R&D 影响的部门，可能导致对 CO_2 减排政策的 GDP 成本的大量低估。Popp（2004）修改了气候变化的 DICE 模型，允许能源部门的诱导创新，发现忽略诱导型技术进步导致最优碳税政策的福利成本被夸大 9.4%。此外，他还通过敏感性分析发现，研发部门其他研发和市场失灵的潜在挤出是诱导型技术创新潜力的最重要的限制因素。

把内生技术进步纳入环境变化的分析中，虽然弥补了技术外生带来的问题，但由于缺乏对技术进步方向影响的系统性分析框架，故这些研究都停留在单一环境技术上，缺乏对不同环境政策影响绿色技术进步的研究。为此，西方经济学者尝试将导向型技术进步理论纳入气候变化模型中，以弥补之前研究的不足。

Acemoglu（2012）在环境约束的增长模型中引入内生的导向型技术进步，通过两部门导向型技术进步模型研究税收、补贴等不同的环境规制工具对绿色技术进步和污染型技术进步的影响，研究发现，当清洁生产部门和非清洁生产部门可以充分替代时，通过临时性的环境规制工具可以使创新投入转向清洁生产部门，实现绿色技术进步。此外，在非清洁部门生产过程中，如果投入品是可耗尽资源，在市场机制作用下创新投入将转向绿色技术创新。Fischer 和 Heutel（2013）在内生技术增长之上强调路径依赖性，突出了立即采取环境规制行动所带来的潜在需求，特别是通过研究发现，临时干预措施有助于支持清洁技术的创新，进而满足气候政策目标。Aghion 等（2016）构建关于汽车行业创新的企业级面板数据，区分了几十年来80个国家清洁（如电力、混合动力和氢气）和非清洁技术专利（内燃机），研究发现，当面临更高的含税燃料价格时，企业倾向于创新更多的清洁（和更少的非清洁）技术。此外，在整体溢出效应和企业自身创新历史中，创新类型（清洁/非清洁）中存在路径依赖性。Calel和Dechezlepretre（2016）调查欧盟排放交易体系（EU ETS）对技术变化的影响，利用装置级别的入选标准来估计系统对企业专利申请的因果影响。他们发现，欧盟排放交易体系使受监管企业的低碳创新增加了多达10%，而不排斥其他技术的专利申请，同时，欧盟排放交易体系没有影响受监管公司之外的专利申请。

从上述文献可以发现，现有文献中环境规制与绿色技术创新的相关研究主要有以下两个特点：一是将环境技术内生化，把内生技术进步理论引入环境分析模型中；二是利用专利数据识别环境政策对绿色技术的诱导作用。这两点为本书研究提供了重要思路。

六、环境规制影响绿色技术创新的作用机制

由理论基础分析及相关文献回顾发现，环境规制对绿色技术创新的影响是通过多种机制综合作用的。那么，环境规制对绿色技术创新具体影响如何，发挥其对绿色技术进步诱导效应的条件是什么？因此，分析环境规制对绿色技术创新的作用机制对后续研究具有重要意义。下面在借鉴国内外学术成果的基础上，从影响绿色技术创新的投入、产出及投入产出效率等视角出发，拟从资本投入、技术进步、创新能力与创新扩散四个层面就环境规制对绿色技术创新的作用机制进行分析。具体如图2-4所示。

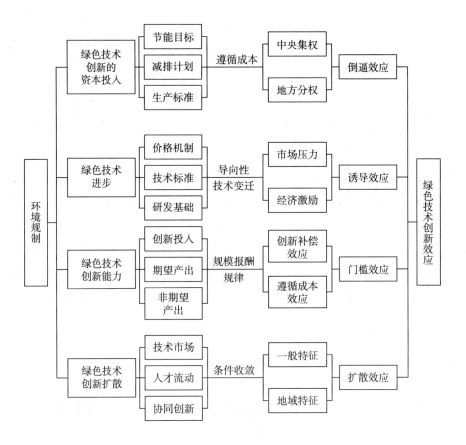

图 2 – 4　环境规制影响绿色技术创新的作用机制

（一）环境规制影响绿色技术创新资本投入的作用机制

技术创新离不开资本的投入，在某种程度上讲，资本是绿色技术创新的约束。从图 2 – 4 可以发现，由节能目标、减排计划、生产标准组成的环境规制政策导致的结果是，企业在短期内对技术创新产生挤出效应。但是，企业是最大化利润的追求者，环境规制约束相当于企业在金融领域面临着一个仅次于金融约束的额外环境约束，企业通常会寻找有效而最节约成本的方式来遵守新法规，Jaffe 和 Palmer（1997）认为企业尽管会增加用于创新的总资本，但会通过选择性创新投入来降低合规成本，即环境规制会倒逼企业增加绿色技术投入。在中国现有的环境管理体系中,中央政府和地方政府分别负责环境规制政策的制定和执行。在财政分权背景下,地方政府为了实现本级财政收益,环境规制常常会被当作争夺流动性生产要求的博弈工具,在政策执行过程中,地方政府往往采取策略性行为,进而冲击环境规制对绿色技术创新投入的倒逼作用。为此,行动一致的环境规制具备显著的资本投入倒逼效应。

(二) 环境规制影响绿色技术进步的作用机制

Acemoglu 等(2012)的研究表明,影响技术进步方向有三个主要因素:第一,价格效应,可以通过更高的价格诱导绿色技术创新;第二,市场规模效应,一个更大的市场(即需求)会鼓励绿色技术创新;第三,技术进步的路径依赖,即技术进步是"建立在巨人的肩膀上",未来的创新建立在现有的知识或技术存量,从而产生路径依赖关系的技术进步。从图2-4可以发现,环境规制可以通过价格机制诱导绿色技术;也可以通过技术标准,恶化非绿色技术的市场环境,进而诱导绿色技术进步;当然,绿色技术进步还需要考虑一个重要因素就是研发基础。为此,环境规制可以通过市场压力和经济激励来诱导绿色技术进步。

(三) 环境规制影响绿色技术创新能力的作用机制

绿色技术创新能力是在动态可持续发展的背景下,在生产出绿色产品的过程中降低环境污染、减少消耗(原材料与能源)的技术和工艺创新能力。从图2-4可以发现,从投入产出的效率视角看,可以将创新投入、期望产出和非期望产出进行综合考虑,环境规制对绿色技术创新能力的影响有以下两个层面:

一是关于创新与环境规制经济成本的视角,从创新补偿效应来看,环境规制的实施激发企业进行生产和环保技术创新、升级,能够部分或者全部抵消企业因环境规制的实施而引致的环境成本,从而提高了企业的绿色技术创新能力;从遵循成本效应来看,环境规制提高了企业的污染治理成本，对企业的研发投入产生挤出效应，进而不利于绿色技术的创新，从长期来看对绿色技术创新能力产生不利影响。

二是规模报酬规律。尽管环境规制对绿色技术创新投入具有倒逼效应，但是创新投入与技术进步之间存在一个规模报酬的普遍规律。在较低规模阶段，投入增加与技术进步之间未必能形成正向作用，有时甚至可能出现负面作用；在规模适中阶段，投入与技术进步之间存在显著正向作用；然而，在资本投入超过一定阶段，投入增加与技术进步之间又存在边际效率递减。

综上所述，由于环境规制对绿色技术创新具有正负两方面作用，而且创新投入自身也存在规模报酬规律，所以环境规制对绿色技术创新能力提升之间存在门槛效应。

（四）环境规制影响绿色技术创新扩散的作用机制

科研基础、研发投入差距、人才集聚情况会导致地域之间的绿色技术差异。我国由于地区间发展存在不平衡情况，绿色技术水平也有明显差异。从图 2 - 4 可以发现，环境规制有利于绿色技术的转移转化，促进地区间绿色技术交流，进而活跃了绿色技术的技术市场；环境规制会倒逼地方政府对绿色技术创新的重视，注重绿色技术创新人才的培养与引进，进而推动了绿色技术创新人才的流动。同时，环境规制也可以引导地区间协同创新、协同攻关，加强技术创新分工，进而提升区域绿色技术创新能力。技术交流、人才流动和协同创新，有利于整体绿色技术创新能力的提升，也会表现为条件收敛，即环境规制有助于地区间绿色技术的扩散。这种技术创新扩散会有一般特征，也有地区间的差异，我们可以将这些现象统称为环境规制的绿色技术创新扩散效应。

七、本章小结

本章首先通过环境规制理论、技术创新理论和可持续发展理论梳理了环境规制对绿色技术创新影响的相关理论基础。环境规制理论主要是通过对环境经济的稀缺性、外部性、公共物品理论和环境产权的模糊性进行分析，进而发现环境规制在解决市场失灵问题上的必要性和重要性。通过分析规制框架下竞争理论、波特假说理论和导向型技术变迁理论，分析了环境规制对绿色技术创新影响的内在动力。通过可持续发展理论分析绿色技术创新的重要性。理论基础的分析为后续研究提供了分析基础。

其次对环境规制与环境规制质量、绿色技术创新驱动力、波特假说及环境规制与绿色技术创新的前沿文献进行了回顾、总结和评价。文献综述为后续研究的模型分析、实证设计及检验提供了研究基础并指明了研究方向。

最后在理论基础分析、文献综述的基础上，进一步通过分析环境规制对绿色技术创新的作用机制，从倒逼效应、诱导效应、门槛效应和扩散效应四个层面解释了环境规制的绿色技术创新效应。作用机制分析为全书研究提供了分析框架，同时为理论建模、实证研究的设计提供了理论支持。

第三章　环境规制与绿色技术创新投入

　　绿色技术创新是中国社会经济可持续发展的强大动力之一，投资投入是支持绿色技术创新活动的关键要素。波特假说理论及理论的支持者认为，在"良好设计的"环境规制环境中，利用好规制政策会导致企业加大技术创新投入，Popp（2006）研究发现，严格的环境监管与绿色技术创新之间存在显著关系，但到目前为止，鲜有文献就中国的情况进行探讨，究其原因有二：一是创新活动的资本投入难以识别是否为绿色；二是关于绿色技术创新的研究尚处于起步阶段，大部分研究仅从环境规制与技术进步视角展开实证分析。为了进一步深入分析环境规制对绿色技术创新的影响，本章将在梳理环境规制的发展与现状、环境规制机制体系的基础上，通过构建一个多省份模型，将环境分权与环境集权纳入理论模型中，探讨环境规制对绿色技术创新投入的倒逼效应，探寻能够显著倒逼绿色技术创新资本投入的政策路径。

一、中国环境规制的发展与现状

（一）中国环境规制的发展

　　环境规制相关制度在不同时期的发展与我国总体经济发展的阶段密切

相关。环境规制的发展也体现了从不完善到日趋完善的一个制度演进过程。新中国成立以来，环境规制的发展变化大致可分为五个阶段：

1. 环境规制的萌芽阶段（1949～1979 年）

萌芽阶段的区间为 1949～1972 年。总体而言，这一阶段有关环境污染和自然资源保护方面的政策和文件一般都是党中央、国务院及行政主管部门下发的"红头文件"，1951 年颁布的《中华人民共和国矿业暂行条例》是中国第一部矿产资源保护法规。1956 年出台的《工业企业设计暂行卫生标准》则是预防污染的一种强制性技术规范；环境规制的起步阶段区间为 1972～1979 年。中国环境保护工作的萌芽可以归功于 1972 年 6 月召开的斯德哥尔摩会议，1979 年颁布的《中华人民共和国环境保护法（试行）》对环境保护机构及其职责进行了实质性的明确。

2. 环境规制的起步阶段（1979～1989 年）

改革开放后环境规制进入迅速发展期，我国各种环境法律、法规陆续出台。其中，几个标志性的法律法规代表了中国环境规制的起步：①1981 年 2 月国务院颁布了《关于在国民经济调整时期加强环境保护工作的决定》；同年 5 月颁布的《基本建设项目环境保护管理办法》，明确了执行"环境影响报告书制度"，标志着环境由"组织'三废'治理"向"以防为主"转变。②1982 年的《宪法》修改为"国家保护和改善生活环境和生态环境，防治污染和其他公害"，同年 2 月国务院规定在全国范围内实行征收排污费的制度，并对征收排污费的标准、资金来源以及排污费的使用等作了具体规定，这标志着我国环境治理进入了真正的起步阶段。之后的几年，国家还颁布了许多有关污染防治和自然资源保护等方面的环境法律法规，如《海洋环境保护法》（1982 年）、《水污染防治法》（1984 年）、《大气污染防治法》（1987 年）、《森林法》（1984 年）、《草原法》（1985 年）、《水法》（1988 年）和《野生动物保护法》（1988 年）等。1983 年底召开的第二次全国环境保护会议是中国环境保护事业的里程碑。这次会议制定了环境保护事业的大政方针，确立了环境保护在国民经济和社会发展中的重要地位。从此，中国的环境管理进入了崭新的发展阶段。

3. 环境规制的发展阶段（1989~1996 年）

从 1989 年 4 月召开的第三次全国环境保护会议开始，中国政府"努力开拓建设有中国特色的环境保护道路"；1992 年里约环境峰会后中国在世界上率先提出《环境与发展十大对策》，第一次明确提出要转变传统的粗放型发展模式，走可持续发展道路。1994 年公布的《中国 21 世纪议程》把可持续发展原则贯穿中国经济、社会和环境的各个领域，可持续发展战略成为经济和社会发展的基本指导思想。1989 年 12 月正式颁布了修改后的《中华人民共和国环境保护法》之后，又相继颁布了《水污染防治法》、《大气污染防治法》、《环境噪声污染法》、《固体废物污染环境防治法》和《海洋环境保护法》等。这一时期，环境保护被纳入国民经济与社会发展的总体规划。随着地方环境保护法律法规体系的逐步建立，环境执法机构和队伍建设明显加强，环境执法日趋严格，各级政府不断加强对环境保护工作的领导，综合运用各种手段保护环境。

4. 环境规制的改革创新阶段（1996~2012 年）

这一阶段是中国经济社会快速发展时期，工业化和城镇化取得了重大突破，也是国外投资迅猛发展阶段，但环境污染问题却日益严重。尤其是外商直接投资及承接国际产业转移，中国一度成为海外跨国公司的"污染天堂"。面对环境问题面临的新挑战，国务院专门召开了多次环境会议，提出了环境保护的新目标和新任务，并明确要把可持续发展战略摆在国民经济发展的重要位置，陆续出台了一系列法律法规。江泽民在 1996 年的第四次全国环境保护会议上指出，环境保护是关系我国长远发展和全局性的战略问题。进入 21 世纪以来，以胡锦涛为总书记的党中央提出了科学发展观、构建社会主义和谐社会的重要思想，为环境保护工作指明了新的方向。面对经济发展所面临的资源瓶颈，党和国家提出了走"新型工业化"的发展战略。

5. 环境规制的成熟阶段（2012 年至今）

党的十八大以来，中央对环境问题的关注上升到了新高度。党的十八届四中全会提出健全生态文明法律法规，用法律保护生态环境。2015 年 5

月，中共中央、国务院印发了《关于加快推进生态文明建设的意见》，是中央对生态文明建设的又一次重要部署。党的十八届五中全会顺应时代发展提出了"创新、协调、绿色、开放、共享"五大发展理念。"十三五"规划提出了建设"美丽中国"的伟大构想，将生态环境保护提到空前的高度。

（二）中国环境规制的现状

总体上我国的环境规制强度是逐渐加大的。随着我国工业化的快速推进和经济粗放式发展，大气污染、水污染和固体废弃物等环境污染日益加重，生态矛盾更加突出，政府、企业、公众对环境问题关注度和重视程度急剧提高。自 2003 年以来，我国不论是在环境治理投资总额、城市环境基础设施建设投资，还是在建设项目"三同时"环保投资上，总体上都呈现快速上升的趋势。其中，环境治理投资总额增长势头最为迅猛，这也间接地表明了环境治理的紧迫性；城市环境基础设施建设投资的攀升从一定程度上反映了人们对城市居住环境要求的提高；"三同时"环保投资的上升，从侧面也反映出环境规制强度的不断提高。

我国环境规制三大类分别是命令型、市场型和自愿参与型。其中命令型环境规制即政府通过立法或制定规章制度，以行政命令强制要求企业遵守，并对违法者通过行政手段进行处罚，以实现环境规制的目的；市场型环境规制借用市场机制的作用，主要运用价格、税收、补贴等经济手段激励企业在追求利润最大化的过程中选择有利于控制环境污染的决策；自愿参与型环境规制则是通过给予污染者一定的规制豁免来激励排污者，试图利用环境规制中的各相关利益集团来实现规制目标或提高规制效率。其中，前两者在我国是主要的环境规制手段。

总体来看，在不断完善的法律体系下，多部门、多层级的监管主体通过灵活运用行政命令、市场工具和自愿工具，使环境恶化的势头得到一定程度的控制。随着转变经济发展方式步伐的加快，产业结构调整速度不断加快，节能减排政策取得了阶段性成果。"三废"排放量等污染物增长放缓，污染物总量开始下降。这对于调和经济增长与环境保护的矛盾，落实经济、政治、文化、社会、生态"五位一体"的总体布局，具有非常重要的意义。

二、中国环境规制机制体系

（一）环境管理机制的基本结构

从中央政府与省级政府来看，基于管理基本结构视角，中国环境管理体系表现为"纵向分级，横向分散"的组织结构（李萱等，2012），如图3－1所示。

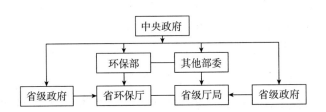

图3－1　中央政府与省级政府组织结构图

在这个组织结构图中，箭头表示权威控制关系，连接线表示协作关系。从其权威关系来看，部门内部的上下级关系、地方政府与环保之间的权威关系较为清晰。这个体制有两个显著特点：一是中央集权；二是省级环境管理部门存在双权威系统。

（二）管理体系变迁与地方环保机构设置

1. 管理体系变迁

基于省级层面，我国环境规制的总体框架经历了一个从属地化管理到垂直化管理转变的制度变迁（见图 3 - 2）。2016 年以前我国的环保制度是属地化管理，之后全国省以下环保机构监测监察执法将全部实行垂直管理，总体上带动环保的事权和财权的变化。

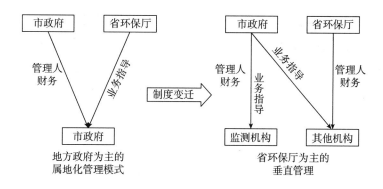

图 3 - 2 规制制度变迁

我国传统的环保制度构架是以行政区划为基础的属地管理，主要以层级制与职能制相结合为基础，按上下对口和合并同类项原则构建了一个从中央到地方各层级政府大体上同构的政府组织和管理模式。在这个管理模式中，环境保护部是一个对全国环境保护实施统一监督管理的归口管理部门，但各级政府对本行政区划内的环境问题具体负责，各级政府内设环境保护部门具体承担环境保护工作，并接受环境保护部的业务指导。这种条块分割带来的最大问题就是留给地方政府很大的策略空间，形成了中央与地方、地方与地方在环境规制上的策略博弈，导致了环境保护权责不清、责任追究无法落实；地方保护主义危害严重；跨区域环境问题解决机制难以实施等问题。

垂直管理制度是对我国环境治理制度的一项重大创新。其中，最具代表意义的是省以下环保机构监测监察执法垂直管理制度改革。根据国家有关环保机构监测监察执法垂直管理的初步设想，省级环保部门将直接管理市县级的监测监察机构，市级环保局实行以省级环保部门为主的双重管理体制，县级环保局不再单设而是作为市级环保局的派出机构。该政策的目的就是为了建立健全"条块结合、各司其职、权责明确、保障有力、权威高效"的地方环保管理体制，进而确保环境监测监察执法的独立性、权威性、有效性。

2. 地方环保机构设置

在新的管理体系下，按照省以下环保机构监测监察执法垂直管理制度的安排，环保结构的设置总体上也做了相应的调整，地方环境保护管理体制（见图3－3）。主要特征如下（丁瑶瑶，2016）：①省（自治区、直辖市）及所辖各市县生态环境质量监测、调查评价和考核工作由省级环保部

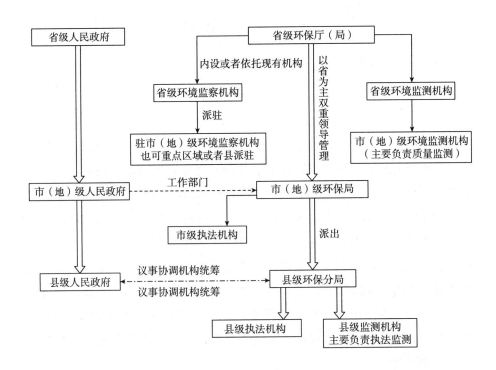

图3－3　机构网络图

门统一负责，实行生态环境质量省级监测、考核；②市级环保局实行以省级环保厅（局）为主的双重管理，仍为市级政府工作部门；③县级环保局调整为市级环保局的派出分局，由市级环保局直接管理，领导班子成员由市级环保局任免；④现有市级环境监测机构调整为省级环保部门驻市级环境监测机构，由省级环保部门直接管理，人员和工作经费由省级承担，领导班子成员由省级环保厅（局）任免，主要负责人任市级环保局党组成员，事先应征求市级环保局意见；⑤省级和驻市环境监测机构主要负责生态环境质量监测工作；⑥现有县级环境监测机构主要职能调整为执法监测，随县级环保局一并上收到市级，由市级承担人员的工作经费，具体工作接受县级环保分局领导，支持配合属地环境执法。

三、环境规制对绿色技术创新投入的影响

通过上一节的分析，我们发现中国的环境管理体系是从中央到地方或部门管理环境的系统，是一种集权管理模式。然而，也有大量研究表明，中国的环境管理是一种分权体制，地方政府（如省级政府）不论在环境规划、计划及投资等综合事务上，还是在环境影响评价、环境监测、环境监测等具体环境要素管理中，均有充足的自由裁量权（李萱等；2012）。环境分权体制也被解释为环境联邦主义（祁毓等；2013）。在财政分权背景下，这种环境联邦主义导致地方政府在环境治理上的以邻为壑现象（Cai et al.，2016；李静等，2015），各地的环境政策在不同时期、不同区域呈"竞争到底"和"竞争到顶"现象，在环境治理上大部分表现为非合作局面。也就是说，中国的环境管理体系介于分权管理与集权管理之间；或者说，有时表现为分权管理，有时表现为集权管理。

绿色技术创新是解决环境问题的钥匙，不论是集权管理还是分权管

理，各地都会考虑通过环境规制和绿色创新补贴（以下简称补贴）来促进本地区的绿色创新投入。通常而言，我们会认为，补贴对创新投入的激励效应是明显的，但是环境规制会导致生产者成本增加，未必能真正推动生产者增加创新投入。为此，识别环境规制对生产者绿色创新投入的影响，分析这种影响的情景差异，具有重要的现实意义。接下来，试图通过构建一个考虑多省份的模型，同时考察排污税和补贴对绿色创新投入的影响，并分析不同情形下的均衡，进而探寻激励绿色创新投入的有效政策工具。

（一）模型构建

我们考察一个多省份的情形，在 Eichner 和 Runkel（2014）理论框架下，假定每个省均有一个代表性家庭，并拥有一个采用绿色技术的生产部门、一个采用传统排放污染物技术的生产部门，省际间资本的最终流向由市场主导型流向决定（即资本市场是自由流动的）（严浩坤，2008），而污染物的排放存在溢出效应。假设 I 省福利最大化条件为 $U_i = (c_i, e_i)$，c 和 e 分别代表消费和环境带来的效用。考虑 n 个省份下的纳什均衡，为简化模型构建，我们用排污税来代理各省（市、区）的环境规制工具，实行排污税政策能带来收入的同时也减少了污染，各省政府必然会首先使用税收政策 τ，同时实行补贴会导致政府额外支出 σ。对 $U_i = (c_i, e_i)$ 进行微分，I 省福利最大化的一阶导可表示为：

$$\frac{\partial u_i}{\partial \tau_i} = U_c \frac{\partial c_i}{\partial \tau_i} + U_e \frac{\partial e_i}{\partial \tau_i}, \quad \frac{\partial u_i}{\partial \sigma_i} = U_c \frac{\partial c_i}{\partial \sigma_i} + U_e \frac{\partial e_i}{\partial \sigma_i} \qquad (3-1)$$

为了进一步分析，我们假设：①生产者分为传统型部门和清洁型部门；②省际间资本自由流动且供应量固定；③居民消费受到工资收入以及转移性收入等方面的影响。

1. 生产者

假定部分传统型企业通过增加绿色创新投入能够实现技术创新，进而形成清洁生产部门，传统型生产部门和清洁生产部门都是价格的接受者。生产中传统生产部门会一如既往地产生污染物，清洁生产部门完全不排放污染物（很显然，技术创新是一个循序渐进的过程，为了能更加直观地分析，在此假定过程可以一次性实现）。传统行业生产技术记为 $X(K_{xi})$，其中，K_{xi} 是资本投入，利率 $r > 0$。生产函数为正且资本的边际回报率递减，$X' > 0$，$X'' < 0$。参照 Ogawa 和 Wildasin（2009）的做法，假设传统部门的每单位产出会产生一个固定的排放量，因此有 $e_{xi} = \alpha k_{xi} > 0$。I 省政府对这些排放物征收税率为 τ_i。I 省传统部门的税后利润可以写为：

$$\pi_{xi} = x(k_{xi}) - (r + \alpha \tau_i) k_{xi} \tag{3-2}$$

利润最大化的一阶条件为：

$$x'(k_{xi}) = r + \alpha \tau_i \tag{3-3}$$

I 省传统部门资本的边际收益等于资本的边际成本，这些成本包括利率和排污税。提高该省的排污税，会使传统部门资本的边际成本上升。

I 省清洁生产部门的生产技术记为 $Y(k_{yi})$，k_{yi} 代表资本投入。生产函数 Y 中，资本的边际效应为正且边际回报递减，即 $Y' > 0$、$Y'' < 0$。对于清洁生产部门每单位的资本投入，政府将对其进行创新补贴 σ_i，清洁生产部门接受补贴后的利润可以记为：

$$\pi_{yi} = Y(k_{yi}) - (r - \sigma_i) k_{yi} \tag{3-4}$$

利润最大化的一阶条件为：

$$Y'(K_{yi}) = r - \sigma_i \tag{3-5}$$

根据式（3-5），I 省清洁生产部门的资本投入不断增加，直至资本的边际收益等于利率减去补贴。也就是说，I 省补贴增加，会使该省清洁生产部门资本的边际成本降低。

2. 资本市场

假设资本在各省之间自由流动，每个省（市、区）拥有 k_0 单位的资本，且 $k_0 > 0$，资本市场中资本的供应是无弹性的，即就全部省份而言资本的供应量固定。因此可以得出：

$$\sum_{i=1}^{n} (k_{xi} + k_{yi}) = nk_0 \tag{3-6}$$

式（3-6）说明在所有省（市、区）各部门的资本需求与总供给相等。结合一阶条件式（3-3）和式（3-5），式（3-6）决定了各省资本在传统生产部门以及清洁生产部门之间的配置；利率水平是政策工具（τ_i，σ_i）的函数。

根据式（3-3）、式（3-5）和式（3-6），很容易能够得出 $k_{xi} = k_x$，$k_{yi} = k_y$ 且 $k_x + k_y = \bar{k}$。对式（3-3）、式（3-5）、式（3-6）进行微分，运用对称性可以得到：

$$\frac{\partial r}{\partial \tau_i} = -\frac{\alpha Y''}{n(X'' + Y'')} < 0 \tag{3-7}$$

$$\frac{\partial k_{xi}}{\partial \tau_i} = \frac{\alpha [nX'' + (n-1)Y'']}{nX''(X'' + Y'')} < 0 \tag{3-8}$$

$$\frac{\partial k_{xj}}{\partial \tau_i} = -\frac{\alpha Y''}{nX''(X'' + Y'')} > 0, \ j \neq i \tag{3-9}$$

$$\frac{\partial k_{yi}}{\partial \tau_i} = -\frac{\alpha}{n(X'' + Y'')} > 0 \tag{3-10}$$

同时，补贴对资本市场的影响可以由式（3-11）~式（3-14）看出：

$$\frac{\partial r}{\partial \sigma_i} = \frac{X''}{n(X'' + Y'')} > 0 \tag{3-11}$$

$$\frac{\partial k_{yi}}{\partial \sigma_i} = -\frac{(n-1)X'' + nY''}{nY''(X'' + Y'')} > 0 \tag{3-12}$$

$$\frac{\partial k_{yi}}{\partial \sigma_i} = \frac{X''}{nY''(X'' + Y'')} < 0, \ j \neq i \tag{3-13}$$

$$\frac{\partial k_{xj}}{\partial \sigma_i} = \frac{1}{n(X'' + Y'')} < 0 \tag{3-14}$$

由式（3-12）~式（3-14）提高补贴不仅使资本从其他省的清洁生产部门流向本省清洁生产部门，也会使资本从所有省（市、区）的传统部门流向本省的清洁生产部门。因此，补贴将导致传统部门的投资减少，清洁部门的总投资增加。

3. 污染排放

生产者在生产过程中会形成大量的排放物，但不是每一种排放物都是有污染的。参照 Ogawa 和 Wildasin（2009）的做法，我们认定会对本区域造成影响的排放物定义为污染。I 省生产者的排放物为：

$$e_i = \alpha k_{xi} + \alpha \beta \sum_{j \neq i}^{n} k_{xj} \tag{3-15}$$

I 省导致的排放物记为 $\beta \in [0, 1]$。当 $\beta = 0$ 时，表明污染物完全是本省导致的，不受他省的影响。当 $\beta = 1$ 时，意味着 $e_i = \alpha_{j=1}^{n} k_{xj} = e$，类似空气污染导致的雾霾天气，每排放一单位污染物都会对其他省产生影响。

利用式（3-7）~式（3-14）的比较静态分析，可以分析排污税和补贴对绿色创新投入的影响。对于排污税政策而言，结合式（3-8）、式（3-9）和式（3-15），可以得到：

$$\frac{\partial e_i}{\partial \tau_i} = \alpha \frac{\partial k_{xi}}{\partial \tau_i} + \alpha \beta (n-1) \frac{\partial k_{xj}}{\partial \tau_i} = \frac{\alpha^2 [nX'' + (1-\beta)(n-1)Y'']}{nX''(X''+Y'')} < 0 \tag{3-16}$$

$$\frac{\partial e_j}{\partial \tau_i} = \alpha \beta \frac{\partial k_{xi}}{\partial \tau_i} + \alpha [1 + \beta(n-2)] \frac{\partial k_{xj}}{\partial \tau_i} = \frac{\alpha^2 [\beta nX'' + (\beta-1)Y'']}{nX''(X''+Y'')} \lessgtr 0, \quad j \neq i \tag{3-17}$$

式（3-16）证明，提高排污税税率会减少该省的污染。然而，根据式（3-17），提高排污税税率对其他省（市、区）的影响不确定。

对于补贴政策而言，由式（3-14）和式（3-15）可以得到：

$$\frac{\partial e_i}{\partial \sigma_i} = \alpha [1 + \beta(n-1)] \frac{\partial k_{xj}}{\partial \sigma_i} = \frac{\alpha [1 + \beta(n-1)]}{n(X''+Y'')} < 0 \tag{3-18}$$

从式（3-18）可以看出如果 I 省增加补贴，会使资本从其他省（市、区）的传统部门流向 I 省的清洁生产部门，因此无论当地还是全国，总污染量必然会下降。对比式（3-16）、式（3-17）与式（3-18）可以发现，补贴相对于排污税而言，对绿色技术创新投入的激励效应更加明确。

4. 居民

假定每个省（市、区）每个居民都有着自己的消费偏好。在 I 省的消费定义为 c_i，消费者的收入由三部分构成。首先，居民原有资本记为 K_0，利息为 rK_0；其次，在省内企业工作所获得工资以及利息；最后，转移性收入记为 $b_i = \tau_i \alpha k_{xi} - \sigma_i k_{yi}$，这里 b_i 代表补贴大于排污税税收。则 I 省内部个人面临的约束可以记为：

$$c_i = r\bar{k} + \pi_{xi} + \pi_{yi} + b_i = r\bar{k} + X(k_{xi}) - rk_{xi} + Y(k_{yi}) - rk_{yi} \quad (3-19)$$

由式（3-18）可以看出，私人消费支出等于资本收入与传统生产部门与清洁生产部门的利润加总。排污税对消费的影响是通过式（3-19）来实现的，综合式（3-3）、式（3-5）和式（3-8）~式（3-10）以及对称性，可以得到：

$$\frac{\partial c_i}{\partial \tau_i} = \alpha\tau\frac{\partial k_{xi}}{\partial \tau_i} - \sigma\frac{\partial k_{yi}}{\partial \tau_i} = \frac{\alpha^2\tau[nX'' + (n-1)Y'']}{nX''(X''+Y'')} + \frac{\alpha\sigma}{n(X''+Y'')} < 0 \quad (3-20)$$

$$\frac{\partial cj}{\partial \tau_i} = \alpha\tau\frac{\partial k_{xj}}{\partial \tau_i} - \sigma\frac{\partial k_{yj}}{\partial \tau_i} = -\frac{\alpha^2\tau Y''}{nX''(X''+Y'')} + \frac{\alpha\sigma}{n(X''+Y'')} \lessgtr 0, \ j \neq i \quad (3-21)$$

显然，不论是排污税，还是补贴，都会扭曲生产者的投资决策。积极的税率和补贴率会导致传统部门的投资过低（此时边际利润为正），清洁部门投资过高（边际利润为负）。若式（3-20）中 $\tau > 0$、$\sigma > 0$，这两种效应会使 I 省两部门总收益下降，因此私人收入、私人消费也会下降。相反，式（3-21）中 $\tau > 0$、$\sigma > 0$ 暗示着 I 省提高排污税对 J 省私人消费的影响是不确定的。

综合式（3-19）、式（3-3）、式（3-5）和式（3-12）~式（3-14），可以得到：

$$\frac{\partial c_i}{\partial \sigma_i} = \alpha\tau\frac{\partial k_{xi}}{\partial \sigma_i} - \sigma\frac{\partial k_{yi}}{\partial \sigma_i} = \frac{\alpha[(n-1)X'' + nY'']}{nY''(X''+Y'')} + \frac{\alpha\sigma}{n(X''+Y'')} < 0 \quad (3-22)$$

$$\frac{\partial c_j}{\partial \sigma_i} = \alpha\tau\frac{\partial k_{xj}}{\partial \sigma_i} - \sigma\frac{\partial k_{yj}}{\partial \sigma_i} = -\frac{\sigma X''}{nY''(X''+Y'')} + \frac{\alpha\sigma}{n(X''+Y'')} \lessgtr 0, \ j \neq i \quad (3-23)$$

从式（3-22）可以发现，当 I 省提高补贴时，该省居民的个人收入以及私人消费将下降，上文提到的投资扭曲将会变得更加严重。式（3-23）表明，这种变化对 J 省的个人收入和私人消费的影响不确定，因为 I 省补贴的提高会使 J 省清洁生产部门的投资减少，因此会降低投资扭曲程度。

（二）环境分权体制下的均衡

在环境分权体制下，各省政府为实现自身效用的最大化，即 I 省最大

效用 $U_i = (c_i, e_i)$。我们考虑 n 个省（市、区）间的纳什博弈，其中每个地区都设置两个政策工具：排污税和补贴。将 $U_i = (c_i, e_i)$ 微分代入式（3－16）、式（3－18）、式（3－20）和式（3－22）以及对称性条件，由式（3－1）可得 I 省福利最大化的一阶条件：

$$\frac{\partial u_i}{\partial \tau_i} = U_c \frac{\partial c_i}{\partial \tau_i} + U_e \frac{\partial e_i}{\partial \tau_i}$$

$$= U_c \left(\frac{\alpha^2 \tau [nX'' + (n-1)Y'']}{nX''(X''+Y'')} + \frac{\alpha\sigma}{n(X''+Y'')} \right)$$

$$+ U_e \frac{\alpha^2 [nX'' + (1-\beta)(n-1)Y'']}{nX''(X''+Y'')} = 0 \qquad (3-24)$$

$$\frac{\partial u_i}{\partial \sigma_i} = U_c \frac{\partial c_i}{\partial \sigma_i} + U_e \frac{\partial e_i}{\partial \sigma_i}$$

$$= U_c \left(\frac{\alpha [(n-1)X'' + nY'']}{nY''(X''+Y'')} + \frac{\alpha\tau}{n(X''+Y'')} \right) + U_e \frac{\alpha [1+\beta(n-1)]}{n(X''+Y'')} = 0$$

$$(3-25)$$

为了进一步分析不同政策环境情景下的均衡状况，下面将分情形进行讨论。

1. 无补贴情形下的均衡

将 σ 统一设置为零，设均衡时的排污税税率为 τ^Δ，将 τ^Δ 代入式（3－24），有：

$$\tau^\Delta = -\frac{nX'' + (1-\beta)(n-1)Y''}{nX'' + (n-1)Y''} \frac{U_e}{U_c} > 0 \qquad (3-26)$$

联立式（3－3）、式（3－5）、式（3－26）以及 $\sigma^\Delta = 0$，容易得到：

$$X'(k_x^\Delta) = Y'(k_y^\Delta) - \alpha \frac{nX''(k_x^\Delta) + (1-\beta)(n-1)Y''(k_y^\Delta)}{nX''(k_x^\Delta) + (n-1)Y''(k_y^\Delta)} \frac{U_e(c^\Delta, e^\Delta)}{U_c(c^\Delta, e^\Delta)}$$

$$(3-27)$$

从式（3－15）、式（3－19）能够得到 $c^\Delta = X(K_x^\Delta) + Y(K_y^\Delta)$，$e^\Delta = \alpha[1+\beta(n-1)]K_x^\Delta$，以及 $K_x^\Delta = K_0 - K_y^\Delta$。式（3－27）决定了没有补贴时资本配置的均衡 (K_x^Δ, K_y^Δ)。传统部门资本的边际回报率要等于清洁部门资本的边际报

酬率与对环境造成的损坏 $\frac{U_e}{U_c}$ 之和。然而这个配置可能与最佳的配置有些不同。

假设政策的制定是分散化的，不存在补贴。均衡时的排污税率 τ^{Δ} 式（3-27）给出严格为正。如果污染物的影响只限于当地 $\beta = 0$，那么均衡时的资本配置就是有效率的，此时 $K_x^{\Delta} = K_x^0$、$K_y^{\Delta} = K_y^0$。如果污染物的影响是跨区域的（$\beta > 0$），那么均衡时资本在传统部门的投入会很高（$K_x^{\Delta} > K_x^0$），在清洁部门会太少（$K_y^{\Delta} < K_y^0$）。

2. 有补贴情形下的均衡

当政府实行补贴的时候需要综合考虑式（3-24）、式（3-25）。求解这些方程需要考虑均衡时的 τ，σ：

$$\tau^* = -\frac{X'' + (1-\beta)Y''}{X'' + Y''} \frac{U_e}{U_c} > 0 \quad \sigma^* = -\frac{\alpha\beta Y''}{X'' + Y''} \frac{U_e}{U_c} \geq 0 \tag{3-28}$$

式（3-28）中的 * 代表均衡时税收与补贴都存在。结合式（3-3）、式（3-5）和式（3-28），可以得到：

$$X'(k_x^*) = Y'(k_y^*) - \alpha \frac{U_e(c^*, e^*)}{U_c(c^*, e^*)} \tag{3-29}$$

由式（3-15）、式（3-19）得到 $C^* = X(K_x^*) + Y(K_y^*)$，$e^* = \alpha[1 + \beta(n-1)]K_x^*$，$K_x^* = K_0 - K_y^*$。当税收以及补贴都存在的时候，式（3-29）决定了均衡时的资本配置水平（K_x^*，K_y^*）。

假设政策的制定是分散的，每个省（市、区）都施行补贴政策。则：

（1）若污染物排放仅限于当地（$\beta = 0$），由式（3-28）可以看出均衡时有 $\tau^* > 0$、$\sigma^* = 0$。均衡时的资本配置就是有效率的（$K_x^* = K_x^0$，$K_y^* = K_y^0$）。说明若环境污染仅限于当地（$\beta = 0$），各省（市、区）将不会实行补贴政策。因为每个省（市、区）都会意识到不提供补贴就是最佳的政策选择。此时实行补贴并不会带来额外的效用增加。如果污染没有溢出效应或者资本是不流动的，就无法得出支持补贴的结论。更确切地说，$\beta = 0$ 时实行分散化的政策、不实行补贴，政策工具都是有效率的，因为此时均衡时的补贴率为零。即使在资本不流动时也能得出类似的结论。假设只有一个省，即 $n = 1$，这种情况下资本配置结果与政策分散化下相同。

（2）若污染物的影响跨界（$\beta > 0$），由式（3 - 28）可以看出均衡时 $\tau^* > 0$、$\sigma^* > 0$。均衡时传统部门的投资过多会导致清洁部门的投资减少，与没有补贴时的均衡相比（$K_x^\Delta > K_x^* > K_x^0$，$K_y^\Delta < K_y^* < K_y^0$），传统部门的投资更少。说明若污染跨界（$\beta > 0$），则每个省（市、区）都会积极地使用创新补贴和税收等政策。因为若实行绿色创新补贴，则清洁部门的投资会超过传统部门，而且会吸引其他省（市、区）的资本流入本省，进而提高居民的收入和消费。同时增加本省环境效用和消费效用，必然会带来总效用的提高。所以在实行税收政策的同时，增加绿色创新补贴政策的效果会更好，而且，随着污染外溢性程度（β）的提高，绿色创新补贴的角色也会变得越来越重要。

（三）集权体制下的均衡

在集权体制下，所有环境政策都由中央制定，并且是行动一致的，我们称之为行动一致的环境规制。此时的最优政策为家庭福利最大化，即在考虑 τ_i、σ_i 的基础上最大化 $u = \sum_{i=1}^{n} U(c_i, e_i)$。令 $\tau_i = \tau_0$、$\sigma_i = \sigma_0$，其中，0 代表统一的政策。最优的情形下有：

$$\frac{\partial u}{\partial \tau_i} = U_c \left[\frac{\partial c_i}{\partial \tau_i} + (n - 1) \frac{\partial c_j}{\partial \tau_i} \right] + U_e \left[\frac{\partial e_i}{\partial \tau_i} + (n - 1) \frac{\partial e_j}{\partial \tau_i} \right] = 0 \qquad (3 - 30)$$

$$\frac{\partial u}{\partial \sigma_i} = U_c \left[\frac{\partial c_i}{\partial \sigma_i} + (n - 1) \frac{\partial c_j}{\partial \sigma_i} \right] + U_e \left[\frac{\partial e_i}{\partial \sigma_i} + (n - 1) \frac{\partial e_j}{\partial \sigma_i} \right] = 0 \qquad (3 - 31)$$

等式中 $i \neq j$，利用式（3 - 16）～式（3 - 18）以及式（3 - 20）～式（3 - 23），结合式（3 - 30）、式（3 - 31）可以得到：

$$\alpha \tau^0 + \sigma^0 = -\alpha [1 + \beta(n - 1)] \frac{U_e(c^0, e^0)}{U_c(c^0, e^0)} \qquad (3 - 32)$$

从式（3 - 3）、式（3 - 5）、式（3 - 15）、式（3 - 19）以及式（3 - 32）可以得到以下命题：

命题：假设政策是统一制定的，排放税税率 τ^0 和补贴率 σ^0 是由式（3-32）得到，那么资本的最佳配置（k_x^0, k_y^0）由式（3-33）决定：

$$X'(k_x^0) = Y'(k_y^0) - \alpha[1+\beta(n-1)]\frac{U_e(c^0, e^0)}{U_c(c^0, e^0)} \qquad (3-33)$$

式中，$c^0 = X(k_x^0) + Y(k_y^0)$，$e^0 = \alpha[1+\beta(n-1)]k_x^0$ 且 $k_x^0 = \bar{k} - k_y^0$。

式（3-33）是资本实现最佳配置的条件。它要求在每个地区传统部门资本的边际回报率 X' 等于清洁部门资本的机会成本 Y' 与环境的边际损坏率（$-\alpha[1+\beta(n-1)]U_e/U_c$）之和。$\beta=0$ 时，每个地区的污染物排放仅限于本地，对其他省（市、区）没有任何影响，所以环境的边际损害率为 $-\alpha U_e/U_c$；$\beta=1$ 时，污染是外溢性的，一个地区排放的污染会对其他地区造成相同的影响，所以此时环境的边际损坏率记为 $-\alpha n U_e/U_c$。根据式（3-32），资本的最佳配置是由排放税税率和补贴共同决定的。污染物内在化的程度 $\alpha\tau+\sigma$ 反映了环境的边际损坏率。上述结果表明，资本的最佳配置是由排污税税率和补贴共同决定的。也就是说，在集权管理模式下，排污税对生产者绿色技术创新投入的影响是明确的，即环境规制能够显著地倒逼生产者提高绿色技术创新的资本投入。

（四）小结

上述从理论上讨论了不同情形下（用排污税代替的）环境规制对生产者绿色技术创新投入的影响，我们发现：①不论是分权管理模式还是集权管理模式，补贴都能促进生产者提高绿色技术创新投入；②在环境分权管理模式下，（用排污税代替的）环境规制对生产者绿色创新投入的影响存在多种不确定性，这一结果能够很好地解释我国部分环境政策的失效，如涂正革和谌仁俊（2015）发现 SO_2 排放权交易试点政策在我国未能产生波特效应等；③在集权管理模式下，（用排污税代替的）行动一致的环境规制能有效地推动生产者提高绿色技术创新投入，行动一致的环境规制对生产者绿色技术创新的资本投入存在显著的倒逼效应。

不过，本书更加关注环境规制对绿色技术创新的影响，从上述结果来看，全国统一的环境政策能有效激励生产者提高绿色创新投入。我们对这一理论分析很难从实证角度直接验证上述理论分析结果，其主要存在以下两个问题：①关于绿色创新投入的识别，很难从量化的角度认定哪些是绿色创新投入，哪些是非绿色创新投入；②关于绿色创新补贴的识别，也会面临同样的问题。但如果是行动一致的环境规制确实能促进生产者提高绿色创新投入，那么结果可以得到：行动一致的环境规制会诱导全社会的技术创新偏向于绿色技术进步。为此，我们提出研究假说：行动一致的环境规制具有绿色技术进步的诱导效应。

四、本章小结

为了考察环境规制对绿色技术创新投入的影响，本章在梳理环境规制的发展与现状、环境规制机制体系的基础上，通过构建一个多省（市、区）模型，将环境分权与环境集权纳入理论模型中，探讨了不同情况下的均衡状况。研究发现：①环境规制的发展可分为五个阶段，分别为萌芽阶段、起步阶段、发展阶段、改革创新阶段和成熟阶段。②中国环境管理体制的基本结构倾向于一个矩阵组织，各省（市、区）内部，2016 年之后从属地化管理转变为垂直化管理。③不论是分权管理模式还是集权管理模式，补贴都能促进生产者提高绿色技术创新投入。④在环境分权管理模式下，环境规制对生产者绿色创新投入的影响存在多种不确定性。⑤在集权管理模式下，行动一致的环境规制能有效地推动生产者提高绿色技术创新投入，即环境规制对绿色技术创新的资本投入存在倒逼效应。本章的分析为下一章的实证检验提供了理论支持。

第四章 环境规制与绿色技术进步

上一章分析发现，行动一致的环境规制能够有效地促进生产者加大绿色创新投入，并进一步提出研究假说：行动一致的环境规制能够有效地诱导绿色技术进步。本章将就这个假说，选取两个典型的行动一致的环境规制进行实证检验。

一、行动一致的环境规制

（一）地区竞争与环境规制策略

在中国现有的环境管理体系中，中央政府和地方政府分别负责环境规制政策的制定和执行。然而，中央政府和地方政府的目标函数并不一样：中央政府以全社会公共福利为目标，而地方政府在追求本地区公共福利的同时往往还夹杂着某种自利性动机（Garzarelli，2004）。在财政分权背景下，地方政府为了实现本级财政收益，这种自利性动机也表现为地方政府间的竞争：为提升本地区相对竞争优势，地方政府往往会利用环保政策、财税政策、教育条件、医疗资源和其他社会公共福利等手段诱导以资本、劳动力为代表的流动性生产要素竞相流入（Breton，2008）。在中国特有的分权体制下，环境规制常常会被地方政府视为争夺流动性生产要素的博弈工具，在环境规制执行过程中，地方政府之间亦存在博弈关系。也就是说，随着财政分权制度的提高，地方政府对可能影响本级财政收入的环境规制政策存在非完全执行的动机（张华，2016），诸如选择性执行、象征性执行和消极执行等（陈家建和张琼文，2015），进而出现环境规制政策执行偏差（黄亮雄等，2015）。张华（2016）发现，互补型策略互动在地区间环境规制被广泛运用，环境规制非完全执行产生了传染性，进而导致环境规制非完全执行的普遍性。也就是说，环境规制的行动非一致普遍存在。因此，为了验证上一章所提的研究假说，寻找到具有代表意义的行动一致的环境规制是至关重要的。

因为环境规制博弈涉及两个影响地区发展的重要因素：一是跨行政区的资本竞争，二是跨境污染问题（李胜兰、初善冰和申晨，2014），所以地区政府之间在环境规制执行过程中存在博弈是必然的。当然，地方政府间环境规制的策略问题被广泛关注。潘峰等（2012）发现影响地方政府环境规制决策的重要因素有：①执行环境规制的经济成本；②中央政府对地方政府不执行环境规制行为的处罚力度；③环境质量指标在政绩考核体系中的权重；④环境规制的政策效果（执行与否对污染排放量的实质影响）。关于央地两级政府在环境规制策略执行过程中的动态演化，姜珂和游达明（2016）认为该演化由两方面因素决定：一是来自地方政府，包括执行力度、成本、收益和损失等；二是来自中央政府，包括监督力度、成本和处罚力度等。

由此可见，行动一致的环境规制需要具备以下条件：①地方政府执行规制政策的经济成本很低或者可以忽略不计，甚至可以带来财政收入，即较低的经济成本；②中央政府对地方政府不执行具有很严厉的处罚措施，即很高的违令成本；③地方政府完全执行环境规制政策能够带来比较明确的奖励，特别是对地方政府主要行政官员具有很明确的激励措施（如晋升），即显著的政治激励；④规制政策本身具有较好的执行效果或者民意呼声很高，即良好的规制质量。

（二）两个具有代表意义的行动一致的环境规制

为了寻找具有代表意义的行动一致的环境规制，我们先要界定行动一致的环境规制。从前文的分析可以发现，地方政府是否行动一致取决于经济成本、违令成本、政治收益和规制质量。那么，行动一致的环境规制到底具有怎样的特性呢？首先，行动一致的环境规制是地方政府间不存在选择性执行、象征性执行和消极执行现象的，即没有环境规制政策执行偏差，是完全执行的；其次，地方政府执行某一环境规制的时间是明确的，是在中央政府的规定时间点开始进行的，并且执行时间具有良好的连续性；再次，行动一致的环境规制本身对各地的要求是一致的，即规制不存在地域歧视；最后，为了能够量化分析，行动一致的环境规制的执行强度要能够清楚地度量，或者执行强度不存在地域差异。

目前，国内关于环境规制的研究大多数偏重产品的生产阶段，认为企业产生的污染是更主要的污染源。然而，地区经济锦标赛现象的存在，导致针对企业和生产阶段的环境规制普遍存在行动不一致，即很难寻找到典型的行动一致的环境规制。不过，基于前文的界定，我们发现环境规制的作用对象：不仅包括企业也包括消费者；不仅包括生产阶段也包括消费阶段；不仅包括生产过程也包括生产的产品。事实上，消费阶段产生的能源消耗和产生的污染也需要引起重视：在能源消耗方面，以用电量为例，2016 年城乡居民生活用电占全社会用电量的 13.61%，与第一产业、第三产业用电量总和几乎接近，年增长速度为 10.8%，是全社会用电量增速的两倍①（可以预见的是，随着城乡居民生活的不断改善、消费结构不断升级，城乡居民生活用电占全社会用电量的比重将不断提高，以美国为例，该比例为 35% 左右）；在污染排放方面，如丢弃的生活垃圾、家用汽车排放的尾气等。为了进一步丰富国内的相关研究视角，结合上述关于行动一

---

① 2016 年全社会用电量同比增长 5.0%［EB/OL］. http://news.xinhuanet.com/fortune/2017 - 01/16/c_ 1120322936. htm.

致的环境规制的界定，下面从消费者和产品两个视角分别选取居民用电实行阶梯电价政策和能源效率标识制度进行分析。

1. 居民用电实行阶梯电价政策

20 世纪 70 年代以来，居民用电实行阶梯电价政策（以下简称阶梯电价）被世界各国的决策部门接受并被广泛采用。阶梯电价也称阶梯式累进电价，是指将用户消费用电设置为若干个阶梯，电价随着消费电量增加而呈阶梯状逐级递增的定价机制（江西省发展和改革委员会课题组，2012）。在我国，阶梯电价政策主要经历两个阶段：①试点阶段：2004 年，我国首先在浙江、福建两省进行居民阶梯电价试点，其中浙江采用了分时阶梯定价和纯阶梯定价两种定价方式；2006 年，四川省也开始进行试点。②全面施行阶段：在广泛征求意见和调研之后，国家发改委于 2010 年 10 月 9 日公布了《关于居民生活用电实行阶梯电价的指导意见（征求意见稿）》，各地结合实际情况也展开了调研、征求意见和听证会，截至 2012 年 7 月，我国开始在除新疆、西藏之外的 29 个省（市、区）推广实施阶梯电价政策。

阶梯电价政策是递增阶梯定价（Increasing Block Pricing，IBP），是一项典型的市场型政策工具。尽管 IBP 政策在世界范围内的公共事业、税收等领域被广泛运用，但阶梯电价却是我国公共事业领域首次引入的该类政策。已有的研究表明：阶梯电价政策增加了用户的价格弹性（张昕竹和刘自敏，2015），居民用电领域实施 IBP 政策有效地提高了居民对自身用电行为的关注，电价政策改革对家庭用电的节能激励是有效的（孙传旺，2014），总体来说政策基本取得预期效果（张昕竹等，2016）。

综上所述，我们发现：①各地政府落实阶梯电价政策积极，是按照国家统一部署节奏执行的，在政策执行方面也是完全执行的；②各省执行阶梯电价政策的时间点也是明确的，且政策执行连贯；③对于除了新疆、西藏之外的 29 个省（市、区）而言，阶梯电价政策并没有地域差异；④阶梯电价政策增加了用户的价格弹性，对家庭用电的节能激励有效，说明该项目规制具有较好的政策效果。因此，阶梯电价不仅是一项很好的节能减排政策，也是一项具有代表意义的市场型行动一致的环境规制。

2. 能源效率标识制度

能效标准和能效标识制度具备投入少、见效快、影响大及节能与环保效果显著等优势，该制度已被国际社会普遍认可，成为各国政府加强节能管理、提高能源效率、规范用能产品市场和促进节能技术进步的重要政策工具。

我国于 2004 年制定了《能源效率标识管理办法》，2005 年 3 月 1 日率先对家用电冰箱、房间空气调节器这两个产品实施能源效率标识制度。通过 10 多年的发展，国家发改委、国家质检总局和国家认监委先后发布了十余批次产品（见表 4 – 1），我国能效标识制度的执行和发展成效显著，截至 2015 年 3 月覆盖产品已经超过了 30 类。2016 年，新的《能源效率标识管理办法》（2016 年第 35 号令）颁布施行。

表 4 – 1　研究期内我国能效标识制度的发展与演变

产品批次及文号	产品名称	能效标准	实施时间
第一批 （2014 年第 71 号公告）	家用电冰箱	GB 12021. 2—2003 （GB 12021. 2—2008）	2005 年 3 月 1 日
	房间空气调节器	GB 12021. 3—2004 （GB 12021. 3—2010）	2005 年 3 月 1 日
第二批 （2006 年第 65 号公告）	电动洗衣机	GB 12021. 4—2004 （GB 12021. 4—2013）	2007 年 3 月 1 日
	单元式空气调节机	GB 19576—2004	2007 年 3 月 1 日
第三批 （2008 年第 8 号公告）	自镇流荧光灯	GB 19044—2003 （GB 19044—2013）	2008 年 6 月 1 日
	高压钠灯	GB 19573—2004	2008 年 6 月 1 日
	中小型三相异步电动机	GB 18613—2006 （GB 18613—2012）	2008 年 6 月 1 日
	冷水机组	GB 19577—2004	2008 年 6 月 1 日
	家用燃气快速热水器和 燃气采暖热水炉	GB 20665—2006	2008 年 6 月 1 日

续表

产品批次及文号	产品名称	能效标准	实施时间
第四批 （2008 年第 64 号公告）	转速可控型房间 空气调节器	GB 21455—2008 （GB 21455—2013）	2009 年 3 月 1 日
	多联式空调（热泵） 机组	GB 21454—2008	2009 年 3 月 1 日
	储水式电热水器	GB 21519—2008	2009 年 3 月 1 日
	家用电磁灶	GB 21456—2008 （GB 21456—2014）	2009 年 3 月 1 日
	计算机显示器	GB 21520—2008	2009 年 3 月 1 日
	复印机	GB 21521—2008 （GB 21521—2014）	2009 年 3 月 1 日
第五批 （2009 年 17 号公告）	自动电饭锅	GB 12021.6—2008	2010 年 3 月 1 日
	交流电风扇	GB 12021.9—2008	2010 年 3 月 1 日
	交流接触器	GB 21518—2008	2010 年 3 月 1 日
	容积式空气压缩机	GB 19153—2009	2010 年 3 月 1 日
第六批 （2010 年第 3 号公告）	电力变压器	GB 24790—2009	2010 年 11 月 1 日
	通风机	GB 19761—2009	2010 年 11 月 1 日
第七批 （2010 年第 28 号公告）	平板电视	GB 24850—2010	2011 年 3 月 1 日
	家用和类似用途微波炉	GB 24849—2010	2011 年 3 月 1 日
第八批 （2011 年第 22 号公告）	打印机、传真机	GB 25956—2010	2012 年 1 月 1 日
	数字电视接收器	GB 25957—2010	2012 年 1 月 1 日
第九批 （2011 年第 19 号公告）	远置冷凝机组 冷藏陈列柜	GB 26920.1—2011	2012 年 9 月 1 日
	家用太阳能热水系统	GB 26969—2011	2012 年 9 月 1 日
第十批 （2012 年第 39 号公告）	微型计算机	GB 28380—2012	2013 年 2 月 1 日
第十一批 （2014 年第 18 号公告）	吸油烟机	GB 29539—2013	2015 年 1 月 1 日
	热泵热水机（器）	GB 29541—2013	2015 年 1 月 1 日
	家用电磁灶	GB 21456—2014	2015 年 1 月 1 日
	复印机、打印机和 传真机	GB 21521—2014	2015 年 1 月 1 日

作为一项重要的强制性政策，能效标识制度自 2005 年 3 月 1 日正式实施以来取得了良好的经济、社会效益：一是制度不断完善，规范了用能产品市场（彭妍妍等，2016）；二是节能成效显著，培育了一大批骨干企业[①]；三是能效标准日趋科学，助推了节能技术进步；四是市场认可度不断提高（杨树，2015），正在全方位影响消费者的消费行为（陈欣等，2016）。与国际社会一样，能源效率标识（以下简称能效标识）制度已经成为中国重要的节能政策制度。

从能效标识政策的执行效果来看，该规制工具有以下特点：①能效标识是强制性管理措施，全国均已经完全执行；②自 2005 年 3 月 1 日开始实施，对用能产品的覆盖面不断扩大；③能效标识政策不存在地域差异；全国统一标准；④政策成效明显，已经逐步被消费者认可。因此，能效标识制度不仅是一项很好的节能政策，也是一项具有代表意义的命令—控制型行动一致的环境规制。

综上所述，阶梯电价政策和能效标识制度是具有代表意义的行动一致的环境规制，并且分别代表市场型规制工具、命令—控制型规制工具。下面将以这两个规制工具为切入点，在经验观察、作用机理的基础上，实证检验行动一致的环境规制与绿色技术进步的关系。

二、基于阶梯电价政策的实证研究

"十一五"时期以来，为了控制经济增长过程中伴随的能源消耗与污染排放，中国政府加强了政策约束力度，并逐渐形成了中国特色的环境规

[①] 国家发改委环资司副司长王善成说，我国能效标识制度自 2005 年 3 月 1 日正式实施以来，取得了超过 4419 亿度电的节能成效，并已覆盖 5 类 33 种用能产品，备案企业 9000 余家，备案实验室 900 余个，有力地保障了我国用能产品的能效提升，推动了国家节能减排工作的开展。

制体系。在这个体系中，市场型政策工具被提到了重要位置，也被社会各界寄予厚望。波特假说及其支持者认为，良好的环境规制政策可以激励创新（Porter and Van der Linde，1995）。那么，市场型行动一致的环境规制是否具有绿色技术创新效应呢？

环境经济学中有大量关于绿色技术创新影响因素的文献，这些研究的起源来自 Hick（1932）诱发创新假说：生产要素的相对价格变化导致了偏向性技术进步。沿着这个假说，Newell 等（1999）发现油价上涨导致空调节能技术的进步，Popp（2002）采用 1970~1994 年的专利数据进一步系统地论证了能源价格对节能专利的影响。环境政策还可以促进环境和能源相关技术的技术变化，税收或补贴可以影响企业从事创新的利润，Brouillat 和 Oltra（2012）认为税收补贴制度和严格的规范能够有效地刺激绿色技术创新。Johnstone 等（2010）通过能源价格和各种政策工具组合对创新影响进行分析，研究发现以价格机制为基础的环境政策可以有效地诱发绿色技术创新活动。

Acemoglu 等（2012）的研究表明，影响技术进步方向的三个主要因素：一是价格效应，可以通过更高的价格诱导绿色技术创新；二是市场规模效应，一个更大的市场（即需求）会鼓励绿色技术创新；三是技术进步的路径依赖：技术进步是"建立在巨人的肩膀上"，未来的创新建立在现有的知识或技术存量，从而产生路径依赖关系的技术进步，而 Aghion 等（2016）通过分析 80 个国家的汽车行业发现，尽管技术进步方向存在路径依赖，但是能源价格提高会诱发企业创新转向绿色技术。因此，我们可以认为能源价格对绿色技术进步的诱导效应是显著存在的。阶梯电价政策尽管对于电力消费较少的家庭来说电价不会发生变化，但是随着用电量的上升价格也会上涨，这其实就是一种能源价格变化。那么，阶梯电价政策能否诱发绿色技术创新呢？

目前，国内关于阶梯电价政策的研究主要从需求分析、政策效率等视角展开。已有研究表明，阶梯电价政策增加了用户的价格弹性（张昕竹和刘自敏，2015），居民用电领域实施 IBP 政策有效地提高了居民对自身用电行为的关注，电价政策改革对家庭用电的节能激励是有效的（孙传旺，2014），总体来说，政策基本取得预期效果（张昕竹等，2016）。但现有研究均隐含这样一个假设：用电量与效用等比例变化，而忽视了节能、节电技术的进步，即可能存在节能、节电技术的偏向性进步，进而导致用电量减少但居民效用不变的情况。

为此，本书试图以阶梯电价为切入点，探讨市场型行动一致的环境规制对绿色技术创新的诱导机制，其贡献在于：一是利用阶梯电价这个典型的政策工具进行分析，为环境规制与绿色技术创新的相关研究提供了新视角，也为其他 IBP 政策的有关研究提供了新思路；二是利用阶梯电价分析市场型行动一致的环境规制的绿色技术效应，有利于认清市场型政策工具对绿色技术进步的作用机制；三是采用专利数据考察政策工具对绿色技术创新的作用，相对于全要素生产率而言，具有更强的针对性。

（一）经验观察与影响机理

1. 经验观察

我国于 2004 年和 2006 年先后在浙江、福建和四川进行了阶梯电价试点，用电政策差异对地区间创新动力的影响是不同的。表 4 - 2 给出了 2004 年前后的试点地区与非试点地区的专利增长情况。

表 4 - 2　2004 年前后的平均增长率　　　　　　　单位：%

专利分类		1998 ~ 2003 年平均增长率			2004 ~ 2011 年平均增长率		
		全国	试点地区	非试点地区	全国	试点地区	非试点地区
所有专利	总数	22.00	22.77	21.90	27.23	31.73	26.51
	发明专利	34.56	32.86	34.82	28.20	31.09	27.92
	实用新型	16.86	19.63	16.43	26.75	32.21	25.66
节能节电专利	总数	15.93	15.18	16.05	36.74	46.35	35.43
	发明专利	26.61	24.67	26.84	41.29	53.11	40.05
	实用新型	12.75	13.03	12.79	34.96	45.48	35.43

从表 4 - 2 可以发现：

第一，从所有发明专利角度来看：全国 1998~2003 年的平均增长率为 34.56%，试点地区与非试点地区分别为 32.86% 和 34.82%，试点地区与非试点地区基本持平。2004~2011 年，试点地区的平均增长率为 31.09%，全国和非试点地区分别是 28.20% 和 27.92%。可以发现，后一时期试点地区的平均增长率明显高于前一阶段，试点地区的平均增长率明显高于全国及非试点地区。

第二，从所有实用新型专利来看：前一时间的试点地区、非试点地区和全国的平均增长率分别为 19.63%、16.43% 和 16.86%，试点地区略高于非试点地区及全国水平；从试点之后来看，试点地区的增长率为 32.21%，增速分别比全国和非试点地区高 20.41%、25.53%。也就是说，2004~2011 年试点地区的实用新型专利增速明显加快。

第三，综合所有发明专利和实用新型专利来看：全国 1998~2003 年的平均增长率为 22.00%，试点地区与非试点地区分别为 22.77% 和 21.90%，即试点地区与非试点地区、全国的增长水平基本一致。2004 年之后，试点地区的增速明显高于前一阶段，且明显高于非试点地区，前者的平均增长率为 31.73%，后者为 26.51%，前者是后者的 1.2 倍。

第四，从节能节电发明专利来看：试点前，试点地区和非试点地区的平均增速基本一致，分别是 24.67% 和 26.84%，试点地区稍低非试点地区。不过，试点之后，试点地区的平均增长率明显加快，提速了 39.35%，且显著高于非试点地区，试点地区比非试点地区快 30.82%。

第五，从节能节电实用新型专利来看：1998~2003 年试点地区和非试点地区的专利数量平均增长率也是基本一致的，分别为 13.03% 和 12.79%，前者略高于后者；试点之后，两个地区的专利数量平均增长率却出现了显著差异，试点地区为 45.48%（提速了 249%），非试点地区为 35.43%，试点地区是非试点地区的 1.28 倍。

第六，从节能节电专利总数来看：试点前，试点地区和非试点地区的平均增速基本一致，分别是 15.18% 和 16.05%；试点后，试点地区的增长率明显加快，为 46.35%（提速了 205%），是非试点地区的 1.31 倍。

综上所述，我们发现，试点前，试点地区的专利增长情况与非试点地区走势基本一致，2004 年之后试点地区的节能、节电类专利数量增长率呈现两个特点：①不论是发明专利、实用新型专利，还是两者之和，2004～2011 年试点地区的平均增长率明显高于 1998～2003 年；②1998～2003 年试点地区与非试点地区的专利数量平均增长率基本持平，2004～2011 年试点地区的专利数量平均增长率明显高于非试点地区。以上现象可以初步发现，阶梯电价政策加速了节能、节电类专利的增长。根据陈林和伍海军（2015）的研究，借鉴郑新业等（2011）的做法，上述两个特点又可以认为阶梯电价政策适用于双重差分法进行估计。

2. 作用机理

阶梯电价政策的效果类似于在能源价格的基础上添加一个外生价格。图 4-1 从作用机理、路径和条件三个角度分析阶梯电价政策如何诱发节能、节电技术创新。从作用条件看，随着用电量的增加，居民的单位用电支出提高，进而使得消费者对节能、节电产品支付意愿提高。从传导路径

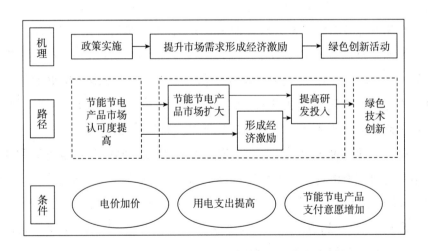

图 4-1　阶梯电价政策对绿色技术创新的作用机理

来看，阶梯电价是通过形成电价加价，从而提高节能节电产品市场认可度，进而激励企业生产节能产品。从作用机理来看，阶梯电价政策需要有效传导至企业，并显著提升节能产品的市场需求形成经济激励，才能最终诱发节能、节电创新活动。

（二）研究设计与数据

1. 研究设计

本书实证分为三部分：①阶梯电价政策对技术诱发效应的检验；②阶梯电价政策对绿色技术偏向性诱发效应的检验；③诱发效应的差异化分析。

（1）阶梯电价政策对技术的诱发效应检验。技术创新选用专利数据作为代理变量，一方面专利代表了技术进步，另一方面用数量作为因变量可以较为直观地估计出政策试点对专利数量影响的弹性系数。构建的单虚拟变量的实证模型如下：

$$patent_{it} = \alpha_0 + \alpha_1 policy_{it} + \alpha_2 X_{it} + u_i + \varepsilon_{it} \tag{4-1}$$

式中，i 表示省份；t 表示时间；$patent_{it}$ 表示专利数量的对数；$policy_{it}$ 表示政策虚拟变量，如果实行了阶梯电价政策取值为 1，否则为 0；X_{it} 为其他控制变量，一些其他可能会导致社会经济因素会导致技术进步的因素，如产业结构、社会受教育情况、经济形势等；u_i 和 ε_{it} 分别表示地区非观测值效应和随机误差项。

同时，阶梯电价试点可以视为一次近似自然试验，试点地区可认定为实验组，非试点省（市、区）为对照组，本书采用双重差分策略，构建如下面板数据模型进行稳健性检验：

$$patent_{it} = \beta_0 + \beta_1 policy_{it} + \beta_2 h_{it} + \beta_3 (policy_{it} \times h_{it}) + \beta_4 X_{it} + u_i + \varepsilon_{it} \tag{4-2}$$

式中，$policy_{it}$ 为政策虚拟变量，如果样本属于对照组取值为 0，属于实验组（阶梯电价试点地区）取值为 1；h_{it} 为时间虚拟变量，进行试点之前为 0，试点后取值为 1；模型（4-2）也是一个双重差分模型，其中 h_{it} 的系数反映了技术进步的时间趋势，$policy_{it}$ 的系数体现了不同地区的差异，

而交互项 $policy_{it} \times h_{it}$ 的系数则显示了阶梯电价政策对技术创新的影响。

（2）阶梯电价政策对绿色技术偏向性诱发效应的检验。考虑到节能、节电类专利数量是社会技术进步的一部分，只是等比例增长而已（即与政策无关）。为此，构建一个单虚拟变量的实证模型：

$$Patent_{it} = \gamma_0 + \gamma_1 policy_{it} + \gamma_2 X_{it} + u_i + \varepsilon_{it} \qquad (4-3)$$

式中，$Patent_{it}$ 是本地区每 100 件专利数中拥有节能、节电类专利的个数。同时，构建一个双重差分策略的面板数据模型进行稳健性检验，具体如下：

$$Patent_{it} = \delta_0 + \delta_1 policy_{it} + \delta_2 h_{it} + \delta_3 (policy_{it} + h_{it}) + \delta_4 X_{it} + u_i + \varepsilon_{it} \qquad (4-4)$$

尽管试点地区的专利数量及占比分析可以检验阶梯电价政策的绿色技术诱导效应，但也无法回避遗漏变量和内生性问题，根据试点到全面试行的情况，进一步构建反事实检验模型：

$$Patent_{it} = \phi_0 + \phi_1 Policy_{it} + \phi_2 H_{it} + \phi_3 (Policy_{it} + H_{it}) + \phi_4 X_{it} + u_i + \varepsilon_{it}$$
$$(4-5)$$

与式（4-4）不同的是，式（4-5）的研究设计假定研究期内（2006~2013 年）时间存在倒流，以全面实施阶梯电价（2012 年）为节点，以阶梯电价的非试点地区为实验组，而试点区域为参照组。在式（4-5）中，$Patent_{it}$ 是节能、节电专利数量占本地区专利总数的比率；$Policy_{it}$ 是反事实政策虚拟变量，如样本属于对照组取值为 0，属于实验组取值为 1；H_{it} 是时间虚拟变量，进行试点之前时期（2012~2013 年）为 0，试点之后（2006~2011 年）取值为 1。

（3）诱发效应的差异化分析。在前面模型的基础上，根据创新程度分别就阶梯电价政策对不同专利的诱发效应进行分析，构建如模型（4-6）、模型（4-7）：

$$Dpatent_{it} = \varphi_0 + \varphi_1 policy_{it} + \varphi_4 X_{it} + u_i + \varepsilon_{it} \qquad (4-6)$$

$$Dpatent_{it} = \lambda_0 + \lambda_1 policy_{it} + \lambda_2 h_{it} + \lambda_3 (policy_{it} \times h_{it}) + \lambda_4 X_{it} + u_i + \varepsilon_{it} \qquad (4-7)$$

式中，$Dpatent_{it}$ 为不同类型专利（发明专利与实用新型专利）占该类专利的比例。

2. 数据来源与指标处理

（1）节能、节电类专利数据。尽管国内关于绿色技术创新的文献数量近年来呈阶段性增长，但实证研究匮乏，且学者间合作较少，对绿色技术创新的概念认定也尚未达成一致（李丹和杨建君，2015）。在已有的实证文献中，绿色技术进步的代理变量也存在较大分歧，主要有绿色全要素生产率（景维民和张璐，2014）和专利（李婉红，2015）。相对于全要素生产率，专利数据显得更加直观，且针对性更强。为此，本书通过专利数据来衡量绿色技术进步。

通过《中国专利全文数据库（知网版）》检索词中输入关键词的方式来收集专利数据，主要基于以下两点考虑：一是该数据库的数据来源为国家知识产权局知识产权出版社，包含从 1985 年至今的中国专利，具有较高的权威性；二是该数据库可以通过申请日、公开日、专利名称、摘要、国省名称（代码）等检索项进行检索，具有较好的可操作性，方便数据收集。我国专利包括外观设计专利、实用新型专利和发明专利三种类型，其内含的创新程度依次递增，检索发明专利和实用新型专利，并按照专利申请时间进行年度划分。考虑到专利申请到批准并公开需要 1~3 年，本文的研究时间选择为 1998~2013 年，数据的检索时间为 2016 年 10~11 月（以保证大部分 2013 年申请的专利在数据检索时已经公开）。最终，本书构建了除西藏之外的 30 个省（市、区）1998~2013 年的节能、节电类专利面板数据库。

（2）其他控制变量。包括两类，一是社会经济，二是科技研发。社会经济主要包括经济水平、经济结构、经济环境和开放程度，分别用不变价 GDP 的对数值（以 1997 为基年）、工业增加值占 GDP 比重、规模以上工业企业亏损占比和外商直接投资占 GDP 的比重表示。科技研发主要包括人力资本和研发投入，分别用 6 岁及以上人口平均受教育年限（年）和不变价研究与试验发展（R&D）经费内部支出的对数值（以 1997 为基年）。基于部分控制变量的数据可获得性，实证部分选用 1999~2013 年的数据。

（三）阶梯电价政策对技术创新的诱发效应检验

1. 初步估计

波特假说认为，合理规制政策有助于创新。下面就阶梯电价政策与专利数进行分析，然后再对阶梯电价政策对节能节电专利影响进行估计。估计结果如表4-3所示。

表4-3　阶梯电价对技术创新的诱发效应：初步估计

解释变量	技术创新		绿色技术创新	
	模型（1）	模型（2）	模型（3）	模型（4）
阶梯电价政策	0.409***	0.389***	0.418***	0.479***
	(6.14)	(6.86)	(5.38)	(7.70)
经济水平	0.914***	0.728***	1.076***	0.788***
	(4.83)	(4.92)	(5.11)	(6.30)
经济结构	0.333**	0.356***	0.363**	0.370***
	(2.63)	(3.58)	(2.11)	(3.08)
经济环境	-0.495	-0.311	-0.739	-0.851
	(-0.68)	(-0.49)	(-0.86)	(-1.37)
对外开放	-2.036	-1.210	-4.256*	-4.333**
	(-0.94)	(-0.69)	(-1.81)	(-2.08)
人力资本	0.00111	-0.00129	0.0251	0.0332**
	(0.05)	(-0.07)	(1.18)	(1.97)
研发投入	0.297**	0.443***	0.366**	0.489***
	(2.56)	(5.70)	(2.65)	(6.12)
C	-2.224*	-1.921**	-7.070***	-5.696***
	(-1.86)	(-2.01)	(-4.93)	(-6.26)
R^2	0.9246	0.9234	0.9058	0.9046
F 或 Wald	216.73	1649.16	241.08	1664.13
	[0.0000]	[0.0000]	[0.0000]	[0.0000]

续表

解释变量	技术创新		绿色技术创新	
	模型（1）	模型（2）	模型（3）	模型（4）
Hausman Test	21.51		31.17	
	[0.0059]		[0.0001]	
模型	FE	RE	FE	RE
观测值	450		450	

注：***、**、* 分别表示估计值在1%、5%、10%的水平上显著；小括号内的数值为稳健标准误下的 t 统计量，中括号内的数值为 P 值。

在表4-3中，模型（1）和模型（2）的 Hausman 检验的 P 值为0.0059，在1%的水平下拒绝采用随机效应模型的原假设，模型（3）和模型（4）的 Hausman 检验的 P 值为0.0001，也在1%的水平下拒绝采用随机效应模型的原假设。从表4-3可以发现：

第一，从模型（1）和模型（2）的估计结果来看，阶梯电价政策的估计系数分别为0.409和0.389，且不论在随机效应还是在固定效应下，均在1%的水平上显著；从模型（3）和模型（4）的估计结果来看，阶梯电价政策的估计系数均为正数，且均在1%的水平上显著。即阶梯电价政策对所有专利、节能节电专利均有正向影响。由此可以初步认为，阶梯电价政策能显著地诱导绿色技术进步。

第二，模型（1）的估计结果显示，经济水平、经济结构和研发投入的估计系数显著为正，且分别在1%、5%和5%的水平上显著；从模型（3）的估计结果来看，经济水平、经济结构和研发投入的估计系数显著为正，也分别在1%、5%和5%的水平上显著。这表明经济水平提高、工业化水平提升、研发投入增加，不仅有助于促进技术进步，也有利于绿色技术进步。

第三，模型（3）对外开放的估计系数为负，在10%的水平上显著，这一结论在一定程度上支持了"污染天堂"假说；在模型（1）~模型（4）中，尽管统计上不显著，但经济环境的估计系数均为负，造成这一结果的原因可能是经营环境恶化会导致企业创新投入减少，进而抑制技术进步。

第四，不论是模型（1）还是模型（3），人力资本的估计系数均不显著，人口平均受教育年限提高并没有提高专利数量，一方面可能是从教育水平提高到形成技术进步有一个时间滞后，另一方面也说明我国的教育质量有待进一步提高，特别是在培育创新性人才方面。

2. 稳健性检验：双倍差分策略

根据阶梯电价的试点进展情况，本书选用浙江和福建作为实验组，以其他省份（四川除外，该省于 2006 年开展了阶梯电价试点）为参照组，首先就阶梯电价政策与总专利数进行分析，然后再对阶梯电价政策对节能、节电专利影响进行估计。Hausman 检验显示，应选用 RE 模型，估计结果如表 4 - 4 所示。

表 4 - 4　阶梯电价对技术创新的诱发效应：双倍差分策略

解释变量	技术创新		绿色技术创新	
	模型（1）	模型（2）	模型（3）	模型（4）
阶梯电价政策 * 时期	0.456 **	0.294 ***	0.799 ***	0.576 ***
	(2.17)	(2.75)	(2.97)	(3.72)
阶梯电价政策	1.109 ***	- 0.163 ***	1.338 ***	- 0.0310
	(20.04)	(- 4.02)	(18.92)	(- 0.52)
时期	0.728	- 0.117	0.410	- 0.463 **
	(0.79)	(- 0.60)	(0.45)	(- 2.16)
经济水平		0.843 ***		0.856 ***
		(8.68)		(7.26)
经济结构		0.339 ***		0.409 ***
		(5.13)		(4.64)
经济环境		- 0.278		- 1.079 ***
		(- 1.03)		(- 2.85)
对外开放		- 2.108 **		- 4.777 ***
		(- 2.19)		(- 3.64)

续表

解释变量	技术创新		绿色技术创新	
	模型（1）	模型（2）	模型（3）	模型（4）
人力资本		-0.00501		0.0182
		(-0.35)		(0.89)
研发投入		0.428***		0.449***
		(7.30)		(6.75)
C	7.300***	-2.588***	4.363***	-5.728***
	(30.10)	(-5.37)	(18.45)	(-8.72)
F 或 Wald	294.75	903.28	279.08	788.26
	[0.0000]	[0.0000]	[0.0000]	[0.0000]
模型	RE	RE	RE	RE
观测值	377	377	377	377

注：***、**分别表示估计值在1%、5%的水平上显著；小括号内的数值为稳健标准误下的 t 统计量，中括号内的数值为 P 值。

从表4-4中可以发现，从模型（1）、模型（2）的估计结果来看，交互项"阶梯电价政策 * 时期"的系数显著为正，即阶梯电价政策对技术创新有显著的正向作用，这说明阶梯电价政策的波特假说是成立的；模型（3）、模型（4）的估计结果显示，"阶梯电价政策 * 时期"的系数分别为0.799和0.576，且在1%的显著水平上显著，即阶梯电价政策对节能、节电类专利具有显著的正向作用，对比模型（2）、模型（4）中"阶梯电价政策 * 时期"的估计系数，发现阶梯电价政策对节能、节电专利数量的影响作用更大；即阶梯电价政策对节能、节电类专利数量的诱发作用更大。

表4-4同时显示：从模型（2）的估计结果来看，经济水平、经济结构和研发投入的估计系数显著为正，且均在1%的水平上显著，对外开放的系数为负，在5%的水平上显著；模型（4）的估计结果中关于经济水平、经济结构、研发投入和对外开发的系数方向和显著性都是基本一样的，但值得注意的是，经济环境的系数为负，且在1%的水平上显著，这

一结果说明如果经济环境恶化，对整个社会的创新影响并不显著，但对于绿色技术创新来说可能会产生负面影响，导致这一结果的原因可能是经济环境恶化，会冲击人们的收入，从而在阶梯电价政策背景下，居民会缩减电费支出（阶梯电价政策无法形成电价加价效应）、减少电子产品消费（阶梯电价政策无法有效地传导至企业），进而使得企业失去绿色技术创新动力。

结合表4-3、表4-4的估计结果，可以得到阶梯电价不仅可以诱发整个社会的专利数量增加，更会诱发节能、节电类专利数量的提升。这说明，阶梯电价政策对技术进步有显著的正向作用，即阶梯电价政策的波特假说是成立的，阶梯电价具有绿色技术诱导效应。

（四）阶梯电价政策对绿色技术的偏向性诱发效应检验

尽管阶梯电价政策会显著提高试点地区的节能、节电类专利数量，但这种变化也可能是由于本地区的整体技术进步，而节能、节电类专利只是等比例提升而已。为了回避这种偏误，本文接下来从专利比例视角考察阶梯电价对绿色技术创新的偏向性诱发效应。

1. 初步估计

基于单虚拟变量的实证模型，首先不加入控制变量，然后加入社会经济类和科技研发类控制变量进行估计，结果如表4-5所示。

表4-5 阶梯电价对绿色技术的诱发效应：初步估计

解释变量	模型（1）	模型（2）	模型（3）	模型（4）
阶梯电价政策	3.501***	2.512***	1.936***	1.313**
	(4.77)	(3.90)	(2.72)	(2.10)
经济水平			1.203*	0.607
			(1.66)	(1.42)
经济结构			0.520	0.404
			(1.06)	(1.02)

续表

解释变量	模型（1）	模型（2）	模型（3）	模型（4）
经济环境			-3.272*	-6.050***
			(-1.72)	(-3.43)
对外开放			-4.372	-20.58***
			(-0.65)	(-3.45)
人力资本			0.0864	0.207**
			(0.89)	(2.16)
研发投入			0.139	0.123
			(0.30)	(0.46)
C	6.258***	6.300***	-5.201	2.199
	(63.34)	(30.51)	(-1.62)	(0.91)
F 或 Wald	22.76	15.18	19.93	81.39
	[0.0000]	[0.0000]	[0.0000]	[0.0000]
Hausman Test	7.40		54.18	
	[0.0247]		[0.0000]	
模型	FE	RE	FE	RE

注：***、**、*分别表示估计值在1%、5%、10%的水平上显著；小括号内的数值为稳健标准误差下的 t 统计量，中括号内的数值为 P 值。

从表4-5的估计结果可以发现，模型（1）~模型（4）的系数均为正，并且都在1%的水平上显著。这一结果表明阶梯电价政策能显著提升节能、节电类专利占社会专利的比例，也就是说，这一结果初步验证了阶梯电价政策具有偏向性绿色技术诱导效应。

模型（1）和模型（2）的 Hausman 检验的 P 值为0.0247，在5%的水平下拒绝采用随机效应模型的原假设，模型（3）和模型（4）的 Hausman 检验的 P 值为0.0000，在1%的水平下拒绝采用随机效应模型的原假设。从表4-5模型（3）的估计结果来看：①经济水平的估计系数为正，并在10%的显著水平下通过检验，说明随着经济水平的提高，人们对环境的要求也随之提高，进而促进绿色技术进步；②经济结构、人力资本和研发投

入的估计系数为正，但统计上并不显著，这表明工业化水平的提升、社会
受教育水平的提高和研发投入的增加对绿色技术偏向性诱导作用有待进一
步检验；③估计结果也显示，对外开放会对绿色技术进步带来负面效应，
但统计上并不显著；④经济环境的估计系数为负，且在 10% 的显著水平下
通过检验，这一结果说明经济环境恶化会降低技术创新偏向性绿色技术，
也在另一个层面上说明经济困难时期，非绿色技术更受欢迎。

2. 稳健性检验

为了建议检验实证结果的稳健性，下面通过专利比例的双倍差分策略
和反事实模型进行稳健性检验。Hausman 检验显示，应选用 RE 模型，估
计结果如表 4 – 6 所示。

表 4 – 6 的被解释变量是节能、节电类专利在总专利数中的占比。模
型（1）和模型（2）以 1998 ~ 2011 年的面板数据进行估计，从模型（1）
的估计结果可以看出，在没有加入其他控制变量的情况下，交互项"阶梯
电价政策 * 时期"显著为正，即阶梯电价政策能提高节能、节电类专利占
总专利的比重。从模型（2）的估计结果可以发现，加入人力资本、经济
结构、经济环境和对外开放等控制变量后，交互项"阶梯电价政策 * 时
期"的系数也为正，且在 1% 的水平上显著，这说明估计结果稳健，即阶
梯电价政策会促进本地区节能、节电类技术进步，也就是说，阶梯电价政
策对绿色技术具有偏向性诱发效应。

表 4 – 6 的模型（3）是一种反事实检验，其基本思路假定时间倒流：
以 2013 年为起点、2006 年为终点，而将 2012 年的全国范围普遍实行阶梯
电价政策看作一次自然试验，从 2012 年取消阶梯电价政策，而政策试点
的浙江、福建和四川三省认为是一种参照（没有取消阶梯电价）。如果反
事实检验成立，也就是说，阶梯电价政策取消会导致节能、节电专利占本
地区专利的比重降低，则"阶梯电价政策 * 时期"的系数为负。从表4 – 6
的估计结果来看，交互项"阶梯电价政策 * 时期"的估计系数为 – 1.164，
且在 10% 水平上显著，与预期一致，也进一步检验了：阶梯电价政策对绿
色技术具有偏向性诱发效应。

表4-6 阶梯电价对绿色技术创新的诱发效应：稳健性检验

解释变量	专利比例		反事实检验
	模型（1）	模型（2）	模型（3）
阶梯电价政策＊时期	2.127***	1.978***	-1.164*
	（3.01）	（2.79）	（-1.78）
阶梯电价政策	1.374***	0.891***	0.557
	（7.41）	（3.28）	（0.88）
时期	-1.677*	-2.069**	1.122
	（-1.89）	（-2.30）	（1.38）
经济水平		0.530	0.724
		（1.20）	（1.22）
经济结构		0.367	-0.175
		（0.93）	（-0.50）
经济环境		-5.908***	-4.098*
		（-3.44）	（-1.75）
对外开放		-15.24**	-1.835
		（-2.50）	（-0.34）
人力资本		0.161*	0.225**
		（1.73）	（2.27）
研发投入		0.337	-0.887**
		（1.18）	（-2.39）
C	5.587***	4.394	7.576**
	（24.00）	（1.62）	（2.19）
F 或 Wald	73.38	100.27	22.07
	[0.0000]	[0.0000]	[0.0000]
模型	RE	RE	RE
观测值	377		232

注：***、**、*分别表示估计值在1%、5%、10%的水平上显著；小括号内的数值为稳健标准误下的t统计量，中括号内的数值为P值。

同时，表4-6也显示，不论是模型（2）还是模型（3），社会经济与科技研发两类控制变量的估计系数与初步估计结果的方向基本一致，但显著性方面略有差异。

（五）诱发效应的差异化分析

为了进一步考察阶梯电价对绿色技术的诱发效应，下面根据创新程度分别就阶梯电价政策对不同专利的诱发效应进行分析。为了保证结果的稳健性，分别选用虚拟变量策略和双倍差分策略进行估计，Hausman 检验显示，虚拟变量策略应选用 FE 模型，双倍差分策略应选用 RE 模型。表 4 - 7 分别汇报了两种策略下实用新型专利、发明专利的估计结果。

表 4 - 7　阶梯电价对绿色技术诱发效应的差异化

解释变量	虚拟变量策略		双倍差分策略	
	实用新型	发明专利	实用新型	发明专利
	模型（1）	模型（2）	模型（3）	模型（4）
阶梯电价政策 * 时期			2.289 **	0.852
			(2.33)	(1.22)
阶梯电价政策	2.239 **	0.983	1.288 ***	1.103 ***
	(2.23)	(1.43)	(4.05)	(3.57)
时期			- 2.173 **	- 1.206
			(- 2.12)	(- 1.34)
经济水平	0.0719	3.076 ***	0.265	1.209 **
	(0.07)	(4.38)	(0.53)	(2.51)
经济结构	1.534 **	- 0.310	1.130 **	- 0.0866
	(2.21)	(- 0.65)	(2.32)	(- 0.23)
经济环境	- 2.814	- 3.732 **	- 5.253 **	- 7.437 ***
	(- 1.05)	(- 2.03)	(- 2.33)	(- 4.32)
对外开放	- 4.970	- 7.773	- 18.75 **	- 17.20 ***
	(- 0.52)	(- 1.19)	(- 2.45)	(- 2.92)
人力资本	- 0.0604	0.275 ***	0.0122	0.351 ***
	(- 0.44)	(2.92)	(0.10)	(3.86)

续表

解释变量	虚拟变量策略		双倍差分策略	
	实用新型	发明专利	实用新型	发明专利
	模型（1）	模型（2）	模型（3）	模型（4）
研发投入	0.717	−0.458	−0.189	−0.394
	(1.10)	(−1.03)	(−0.58)	(−1.44)
C	0.414	−17.43***	10.73***	−2.549
	(0.09)	(−5.61)	(3.54)	(−0.79)
F 或 Wald	8.34	46.76	51.47	202.33
	[0.0000]	[0.0000]	[0.0000]	[0.0000]
模型	FE	FE	RE	RE

注：***、**分别表示估计值在1%、5%的水平上显著；小括号内的数值为稳健标准误下的 t 统计量，中括号内的数值为 P 值。

从表4-7可以发现：第一，模型（1）的估计结果显示，阶梯电价政策的估计系数为正，并在1%的显著水平上显著；模型（3）中的交互项"阶梯电价政策＊时期"的估计系数也为正，也在1%的显著水平上显著。这一结果表明，阶梯电价政策对实用新型专利的作用是明显正向的，也就是说，该政策对实用新型专利具有显著的诱发效应。

第二，模型（2）中阶梯电价政策的估计系数为正，但统计上并不显著；模型（4）的估计结果显示，交互项"阶梯电价政策＊时期"的估计系数也为正，同样在统计上不显著。这一结果表明，阶梯电价政策对发明专利的作用是正向的，但统计上并不明显。导致这一结果的原因：一方面，可能是阶梯电价政策的全面实施时间不长，大部分消费者并没有识别哪些是真正节能、节电产品，导致大部分产品生产者在节能、节电技术创新方面还仅仅是为了销售宣传需要，只是在实用新型方面做了改进。另一方面，可能是目前的阶梯电价政策的加价效应不明显，导致政策无法全面传导至生产企业，进而使得企业的绿色创新动力不足。

第三，分别对比虚拟变量策略下的模型（1）和模型（2）、双倍差分策略下的模型（3）和模型（4），可以发现模型（1）中阶梯电价政策的系数明显大于模型（2），模型（3）中交互项"阶梯电价政策∗时期"的系数明显大于模型（4）。这表明，现有阶梯电价政策对实用新型专利的作用更大、更加明显。这一结果的出现，一方面，可能是目前阶梯电价实施的时间不长，而创新力度更大的发明专利需要更长时间更多投入，生产者的发明专利在数据上尚未显现；另一方面，可能目前的阶梯电价政策的电价加价效应尚不明显，不足以形成加大创新投入的经济激励。

（六）小结

本节通过构建中国 1998 ~ 2013 年的节能、节电类专利面板数据，以居民阶梯电价政策为切入点，探讨了市场型行动一致的环境规制对绿色技术的诱导机制。研究发现：①居民阶梯电价政策对专利、节能节电专利具有显著的正向影响，即阶梯电价政策对技术创新、绿色技术创新具有显著的诱导效应，该政策的波特假说成立；②居民阶梯电价政策能显著提高节能、节电专利占社会专利的比重，即该政策具有显著的绿色技术偏向性诱发效应；③相对而言，现有的阶梯电价政策对创新程度较低的实用新型专利的诱导效应更加明显和强烈。

三、基于能效标识制度的实证研究

命令—控制型环境规制政策的广泛运用是世界许多地方环境得到重大改善的主要功臣，也是环境保护被认为是 20 世纪下半叶人类主要成功政策之一的原因。时至今日，尽管这种环境规制手段在处理当代环境挑战时显得越来越力不从心，但不可否认的是，它仍然是大多数国家环境管理体系中的核心政策工具（Fiorino，2006）。

命令—控制型环境规制，也是人们传统意义上理解的环境规制，主要是依靠规范性指令，利用强制行动迫使环境治理改进，并对违规者进行处罚。例如，执行排放标准，环境管理机构根据法律规定对点、面污染源设定具体要求，并对生产机构颁发排放许可证等方式来实施，迫使生产者采用污染控制技术阻止污染或者通过处理达到监管标准，进而促进许可的生产活动达到法律和规范的要求。

传统观点往往认为，至少在短期至中期内，严格的环境政策是经济活动的成本或者负担。一方面，在忽略长期可持续的讨论话题中，遵循环境政策通常迫使企业将一部分用于污染预防和减排，这种投入最起码在财务核算中是无法实现价值增值的，投入增加会抑制企业生产（Ambec et al.，2013）；另一方面，因为减排导致企业的生产成本直接上升，以及还可能因为受规制影响而导致投入价格上涨（Barbera and McConnell，1990），进而对技术创新产生挤出效应（Popp and Newell，2012）。

尽管 Christainsen 和 Haveman（1981）认为美国 20 世纪 70 年代生产率下降的重要原因是环境政策日积月累所造成的，但是波特假说及其相关理论的支持者认为"良好设计"的环境政策可以提高生产力和增加创新，环境政策也是绿色技术创新的主要动力：基于企业层面，大量文献表明政策的严格性对企业是否参与环境技术研究的决策具有相当强的影响（Lanoie et al.，2011；Yang et al.，2012）；基于行业角度，Jaffe 和 Palmer（1997）发现更严格的环境法规对行业总研发支出具有积极影响；从宏观层面，Doran 和 Ryan（2012）认为决策者可以通过环境政策刺激增长并创造一个更绿色的社会。

国内关于能源效率标识的研究主要从制度设计、执行等视角展开。李爱仙和成建宏（2001）、曹宁等（2010）通过分析国外能耗标识制度，对我国的制度建设和制度执行提出建议；王文革（2007）、曹宁等（2009）在总结中国能效标识发展历史和分析实施现状的基础上，提出了能效标识制度存在的问题和改进方向。也有少量文献考察了这项制度实施对生产者和消费者的影响。马帅（2009）探讨了能效标识制度对家电企业的影响，认为能效标识对产品能效要求的提高会增加企业的生产成本，但该制度有助于能效等级高的产品获得市场竞争优势，进而提升我国家电企业产品参与国际竞争的优势；周京生等（2014）分析了家电能效标识对消费者决策的影响。然而，尽管能效标识制度的目的包括加强节能管理、推动节能技术进步等，但鲜有文献从实证角度验证这项规制政策绿色技术创新效应。

为此，本节试图以能效标识制度为切入点，探讨命令—控制型行动一致的环境规制对绿色技术创新的诱导机制，其贡献在于：一是利用能效标识制度这个典型的环境规制工具进行分析，为环境规制与绿色技术创新的相关研究提供了新视角，也为下一步完善我国能效标识制度提供了新思路；二是通过能效标识制度分析命令—控制型行动一致的环境规制的绿色技术效应，有利于认清命令—控制型规制工具对绿色技术创新的作用机制；三是采用专利数据考察政策工具对绿色技术进步的作用，相对于全要素生产率而言，具有更强的针对性。

（一）经验观察与影响机理

1. 经验观察

我国于 2004 年制定《能源效率标识管理办法》，2005 年 3 月 1 日率先对家用电冰箱、房间空气调节器这两个产品实施能源效率标识制度。随后，制度的执行和发展成效显著：截至 2015 年 3 月覆盖产品已经超过了 30 类，2016 年新的《能源效率标识管理办法》（2016 年第 35 号令）颁布施行。表 4 - 8 给出了 2004 年前后，我国节能、节电专利与全社会专利、节水专利增长情况。

表 4 - 8　2004 年前后的平均增长率　　　　　　单位：%

专利分类	1998~2004 年平均增长率			2005~2013 年平均增长率		
	总数	发明专利	实用新型	总数	发明专利	实用新型
节电节能专利	17.19	27.68	13.85	33.51	38.16	31.21

专利分类	1998~2004 年平均增长率			2005~2013 年平均增长率		
	总数	发明专利	实用新型	总数	发明专利	实用新型
节水专利	23.61	30.40	21.92	18.65	26.84	15.27
所有专利	20.42	32.03	15.41	27.95	30.16	26.43

从表 4-8 可以发现：第一，从节能、节电专利自身来看，1998~2004 年，发明专利、实用新型专利及两者总和的平均增长率分别为 27.68%、13.85% 和 17.19%，2005~2013 年三者的平均增长率为 38.16%、31.21% 和 33.51%，与上一阶段增速相比，分别提高了 37.86%、125.34% 和 94.94%。

第二，从节水专利来看，前一阶段发明专利、实用新型专利及两者总和的平均增长率分别为 30.40%、21.92% 和 23.61%，后一阶段平均增长率分别为 26.84%、15.27% 和 18.65%，后一时期的增速明显低于前一时期。

第三，从所有专利来看，2005 年前的发明专利、实用新型专利及两者总和的平均增长率分别是 32.03%、15.41% 和 20.42%，2005~2013 年，三者的平均增长率分别为 30.16%、26.43% 和 27.95%，发明专利的增长率略低于前一阶段，实用新型专利的增长率比上一阶段提速 71.38%，受实用新型专利增长率提速的影响，两者之和的增长率也提速了 36.88%。

第四，对比节能、节电专利和节水专利来看，两者的平均增长率，形成了一个明显的"剪刀差"，第一阶段前者的平均增长率明显低于后者，第二阶段前者的平均增长率明显高于后者，并且，前者在第二阶段的平均增长率明显高于第一阶段，后者第二阶段的平均增长率要低于第一阶段。

第五，对比节能、节电专利与所有专利，尽管后者的总专利数和实用新型专利也处于提速状态，但是两者的平均增长率之间也是形成了明显的"剪刀差"，1998~2004 年前者的平均增长率明显低于后者，2005~2013 年前者的平均增长率明显高于后者。

综上所述，不论横向对比还是纵向对比，实施能效标识制度前后，节能、节电专利数量的平均增长率均发生了明显变化，可以初步发现能效标识制度加速了节能、节电类专利的增长。下面就这个问题进一步展开实证分析。

2. 影响机理

强制性的产品规范能促进产品设计变化，进而引导技术创新。能效标识制度可以认为是一种产品规范，具有强制性的特性，图4-2从作用机理、路径和条件三个角度展现了能效标识制度是如何诱发节能、节电技术创新的。从作用条件看：一方面，随着能效标识制度的实施，用能产品在市场中给予了消费者可以明确感知的能效等级信号，进而促进节能、节电产品的市场需求；另一方面，随着能效等级被大多数消费者接受，生产者也将面临市场竞争压力。从传导路径来看，能效标识制度是通过政策覆盖面、政策执行力两个层面来提高市场准入门槛和节能产品认可度，进而激励企业生产节能产品。从作用机理来看，能效标识制度需要有效传导至企业，并带来显著的市场压力或者经济激励，才能最终诱发节能、节电技术创新。

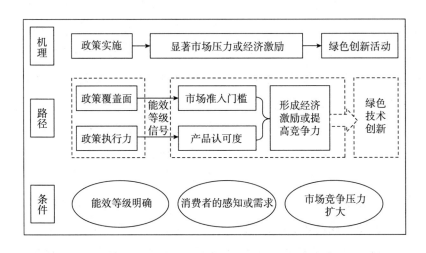

图4-2 能效标识制度对绿色技术创新的作用机理

（二）研究设计与数据

1. 研究设计

本节实证分为三部分：①能效标识制度对绿色技术诱发效应的检验；②能效标识制度对绿色技术偏向性诱发效应的检验；③诱发效应的差异化分析。

（1）能效标识制度对绿色技术诱发效应的检验。技术创新选用专利数据作为代理变量，一方面专利代表了技术进步；另一方面用数量作为因变量可以较为直观地估计出政策试点对专利数量影响的弹性系数。本文首先构建一个单虚拟变量的实证模型：

$$patent_{it} = \alpha_0 + \alpha_1 policy_{it} + \alpha_2 X_{it} + u_i + \varepsilon_{it} \qquad (4-8)$$

式中，i 表示省份；t 表示时间；$patent_{it}$ 表示专利数量；$policy_{it}$ 表示政策虚拟变量，如果实行了能效标识制度取值为 1 ［2004 年（含 2004 年）之后取值为 1］，否则为 0 （2004 年之前取值为 0）；X_{it} 表示其他控制变量，包括社会经济因素中可能会影响技术进步的因素，如产业结构、社会受教育情况、经济形势等；u_i 和 ε_{it} 分别表示地区非观测值效应和随机误差项。

Mazzanti 和 Zoboli（2009）认为，技术创新需要生产系统的支撑。根据第一批能效标识产品目录的生产分布情况，可以将能效标识制度视为一次近似自然试验，将生产家用电冰箱和房间空气调节器的地区（具有相应的生产系统）认定为实验组，不生产这两类产品的省（市、区）为对照组，采用双重差分策略构建如下面板数据模型进行稳健性检验：

$$lnpatent_{it} = \varphi_0 + \varphi_1 policy_{it} + \varphi_2 product_{it} + \varphi_3(policy_{it} \times product_{it}) + \varphi_4 X_{it} +$$
$$u_i + \varepsilon_{it} \qquad (4-9)$$

式中，$lnpatent_{it}$ 为专利数量的自然对数，$policy_{it}$ 为政策虚拟变量，实行了能效标识制度取值为 1，否则为 0；$product_{it}$ 为生产系统的虚拟变量，样本属于对照组取值为 0，属于实验组取值为 1。模型（4-9）中，$product_{it}$ 的系数体现了生产系统对技术进步影响，$policy_{it}$ 反映了技术进步的时间趋势，而交互项 $policy_{it} \times product_{it}$ 的系数则显示了能效标识制度对技术创新的影响。

（2）能效标识制度对绿色技术偏向性诱发效应的检验。考虑到节能、节电类专利数量可能是社会技术进步的一部分，只是等比例增长而已（即与政策无关）。为此，本文首先构建一个单虚拟变量的实证模型：

$$Patent_{it} = \beta_0 + \beta_1 policy_{it} + \beta_2 X_{it} + u_i + \varepsilon_{it} \qquad (4-10)$$

式中，$Patent_{it}$ 是专利比例，分别选用节能节电类专利数量与节水专利数量之比，以及节能节电类专利数量与所有专利数量之比。

（3）诱发效应的差异化分析。在前面模型的基础上，根据创新程度分别就能效标识制度对不同专利的诱发效应进行分析，构建如下模型：

$$Dpatent_{it} = \gamma_0 + \gamma_1 policy_{it} + \gamma_2 X_{it} + u_i + \varepsilon_{it} \qquad (4-11)$$

式中，$Dpatent_{it}$ 为不同类型专利（发明专利与实用新型专利）占该类型专利的比例。

2. 数据来源与指标处理

（1）节能、节电类专利数据。与上一节一样，通过专利数据来衡量绿色技术进步。同时，采用上一节一样的方法收集数据，构建了除西藏之外的 30 个省（市、区）1998～2013 年的节能、节电类专利面板数据库。

（2）其他控制变量。包括两类，一是社会经济；二是科技研发。社会经济主要包括投资水平、经济水平、产业结构、开放程度、金融发展程度和经济环境，分别用投资率（当年全社会固定资产投资与 GDP 之比）、人均 GDP（不变价，以 1997 为基年，万元）、产业结构（工业增加值占 GDP 比重）、外商投资（外商直接投资占 GDP 的比重）、金融发展程度（年末金融机构存贷款余额/GDP）和亏损企业比例（规模以上企业亏损个数/规模以上企业个数）。科技研发主要包括人力资本和研发投入，分别用 6 岁及以上人口平均受教育年限（年）和研究与试验发展（R&D）经费内部支出（不变价，以 1997 为基年，亿元）。基于部分控制变量的数据可获得性，实证部分选用 1999～2013 年的数据。

（三）能效标识制度对绿色技术的诱发效应检验

1. 初步估计

专利数量不是一个连续变量，因此采用计数模型更为合理。经初步分析，在 1999～2013 年，被解释变量节能、节电类专利数量（patent）的方差是平均值的 3206 倍，存在过度分散，所以，采用负二项回归可能更有效率。表 4 - 9 汇报了面板技术模型的估计结果。

表 4 - 9 的结果显示，不论是混合负二项、固定效应的面板负二项回归还是随机效应的面板负二项回归，能效标识制度的估计系数都为正，且均在 1% 的显著水平上显著。这说明，能效标识制度对节能、节电专利的影响为正，且结果稳健。也就是说，能效标识制度能够很好地诱导绿色技术创新。

表 4 - 9　能效标识制度对绿色技术的诱发效应

解释变量	混合负二项回归	随机效应的面板负二项回归	固定效应的面板负二项回归
	模型（1）	模型（2）	模型（3）
能效标识制度	0. 541 ***	0. 611 ***	0. 636 ***
	（4. 65）	（7. 79）	（8. 08）
投资率	0. 632 **	0. 781 ***	0. 814 ***
	（2. 14）	（2. 60）	（2. 74）
人均 GDP	- 0. 138	- 0. 239 ***	- 0. 250 ***
	（ - 1. 31）	（ - 2. 72）	（ - 2. 87）
人均 GDP 的平方	0. 0180	0. 0307 ***	0. 0318 ***
	（1. 40）	（2. 87）	（3. 00）
产业结构	- 0. 0767	0. 0924	0. 104
	（ - 0. 35）	（0. 27）	（0. 30）
外商投资	2. 780	- 0. 471	- 0. 904
	（0. 95）	（ - 0. 12）	（ - 0. 22）
金融发展程度	0. 0585	- 0. 0786 *	- 0. 0831 *
	（0. 97）	（ - 1. 70）	（ - 1. 79）

解释变量	混合负二项回归	随机效应的面板负二项回归	固定效应的面板负二项回归
	模型（1）	模型（2）	模型（3）
经济环境	- 5.200 ***	- 5.494 ***	- 5.163 ***
	（- 5.45）	（- 6.08）	（- 5.69）
人力资本	0.0254	0.0930 **	0.0901 **
	（0.52）	（2.56）	（2.40）
研发投入	0.470 ***	0.277 ***	0.272 ***
	（5.68）	（4.68）	（4.63）
C	5.483 ***	0.996 **	0.948 *
	（9.52）	（2.05）	（1.93）
检验统计量	过度分散参数 α 的95%置信区间：［0.30，0.64］		
	LR 检验：198.04 ｛0.000｝		
	Hausman 检验：3.79 ｛0.9563｝		

注：***、**、*分别表示估计值在1%、5%、10%的水平上显著；小括号内的数值为稳健标准误下的 t 统计量，大括号内的数值为 P 值。

检验统计量表明：过度分散参数 α 的 95% 置信区间为 ［0.30，0.64］，拒绝 H：α = 0，故认为存在过度分散，使用二项回归可以提高效率；LR 检验结果强烈拒绝了混合负二项回归的原假设，故应使用随机效应的面板负二项回归；同时，Hausman 检验结果也没有拒绝随机效应的面板负二项回归。从表 4 - 9 的模型（2）可以发现：

第一，投资率的估计系数为正，且在 1% 的显著水平上显著。这表明，投资率提升能有效地促进节能、节电专利数量的提升，说明了投资对于技术进步的作用、暗示着随着投资率的下降可能降低创新动力。从另一个角度讲，也为当前建设创新型社会提出了新挑战：一方面随着经济的发展，需要协调投资与消费的关系；另一方面随着经济结构的升级，需要挖掘高消费率与低投资率背景下绿色技术创新的投入动力。

第二，人均 GDP 及其平方项的估计系数分别为 - 0.239 和 0.0307，且均在 1% 的显著水平上显著，说明人均 GDP 与节能、节电专利数量之间呈

U 形规律。这一结果，从另一个视角丰富了环境库兹涅茨曲线，即经济收入较低时，为了经济发展人们会忽视环境质量，但随着经济的发展，经济增长又会刺激人们对环境质量的需求（Kozluk and Zipperer，2015），进而导致人均 GDP 与绿色技术进步之间呈 U 形规律。

第三，金融发展程度的估计系数为负，在 10% 的显著水平上显著。这从另一个视角表明，我国目前的金融业发展状况令人担忧，在服务经济社会发展的方向上有一定程度的扭曲，为此，加强金融业服务实体经济、服务绿色经济迫在眉睫。

第四，经济环境的估计系数为 - 5.494，且在 1% 的水平上显著。这说明，经济环境恶化，会抑制绿色技术进步。这个结果的出现可能是由于技术创新大多集中在大中型企业，规模以上企业亏损比例增加，导致全社会的创新投入减少，进而抑制了绿色技术进步。

第五，研发投入、人力资本的估计系数均为正，分别在 1%、5% 的显著水平上显著。这些结果表明，提高研发投入，加强基础教育有助于绿色技术进步。

第六，产业结构、外商投资的估计系数分别为 0.0924 和 - 0.471，但统计上均不显著。导致这些结果的原因可能是：一方面，我国产业结构升级取得了一定的进展，但因为成效并不明显，进而导致统计上不显著，这说明为了促进绿色技术进步需要进一步加快产业结构升级；另一方面，由于经济发展所处阶段和国际产业分工的特殊性，我国存在"污染天堂"现象，部分外商投资是为了转移国际污染产业，但随着我国政府开始重视环境治理，注意提高招商引资的质量之后，这种现象得到了一定程度的改善。

2. 稳健性检验

从表 4 - 1 可以发现，第一批实行能源效率标识的产品目录中仅包含家用电冰箱和房间空气调节器，而且政策出台两年后才发布第二批目录，这为稳健性检验提供了丰富素材。根据统计数据发现，2004 ~ 2007 年没有生产这两类产品的省（市、区）包括内蒙古、福建、海南、云南、青海、宁夏和新疆，而这期间生产系统发生突变（从有到无）的省（市、区）包括河北、山西、吉林、黑龙江和广西。根据陈林和伍海军（2015）的研究，基于双倍差分的稳健性检验结果如表4－10所示。

表4－10　能效标识对技术创新的诱导效应：稳健性检验

解释变量	1999～2006 年			1999～2007 年		
	模型（1）	模型（2）	模型（3）	模型（4）	模型（5）	模型（6）
能效标识制度	0.359 ***	0.346 ***	0.304 ***	0.580 ***	0.473 ***	0.429 ***
	(3.12)	(3.72)	(2.80)	(5.58)	(5.18)	(4.42)
生产系统	－0.303 **	－0.221 **	－0.256	－0.328 **	－0.191 **	－0.251
	(－2.17)	(－2.24)	(－1.24)	(－2.53)	(－2.26)	(－1.29)
能效标识制度× 生产系统	0.426 ***	0.372 ***	0.465 ***	0.354 **	0.296 **	0.380 **
	(3.10)	(3.06)	(3.40)	(2.75)	(2.34)	(2.67)
C	4.627 ***	4.953 ***	4.958 ***	4.646 ***	4.970 ***	5.036 ***
	(44.51)	(11.00)	(10.19)	(48.47)	(9.39)	(8.18)
控制变量	NO	YES	YES	NO	YES	YES
控制生产系统	NO	NO	YES	NO	NO	YES
F 或 Wald	59.35	23.86	23.01	80.65	32.81	30.75
	[0.0000]	[0.0000]	[0.0000]	[0.0000]	[0.0000]	[0.0000]
模型	FE	FE	FE	FE	FE	FE
观测值	240		200	270		225

注：***、**分别表示估计值在1%、5%的水平上显著；经 Hausman 检验均应选固定效应模型；考虑到篇幅限制，控制变量的估计结果未显示，如有需要可向笔者索要。

在表4－10中，模型（1）～模型（3）将估计时限设置在1999～2006年，模型（1）不加入任何控制变量，模型（2）加入社会经济等一系列控制变量，模型（3）将生产系统有变化的地区拿掉进行估计。从估计结果来看，上述三个模型"能效标识制度×生产系统"的均显著为正，这表明能效标识制度能对专利增长具有显著的促进作用。

模型（4）～模型（6）将样板数据设置在1999～2007年，与模型（1）～模型（3）相似，分别没有控制任何控制变量，加入一系列控制变量和将生产系统变化区域舍弃进行估计。从估计结果来看，这三个模型的估计结果与前三个模型的结果基本一致,"能效标识制度×生产系统"分别为 0.580、0.473 和 0.429,均在 1% 的水平上显著。

从表 4 – 10 的六个模型估计结果来看,能效标识制度对专利增长的正向作用是显著的。由此可见,能效标识制度能有效诱导技术创新。结合表 4 – 9 的估计结果,发现无论是变化样本时限、增添控制变量,还是改变估计方法,都能得到基本一致的结论:能效标识制度的技术创新效应显著。

(四) 能效标识制度对绿色技术的偏向性诱发效应检验

尽管上文的实证结果表明,能效标识对节能、节电类专利数量有显著的正向影响作用,但这种变化也可能是其他环境规制政策的影响,还可能是因为本地区的整体技术进步,节能、节电类专利只是等比例提升而已。为了进一步考察能效标识制度对节能、节电类专利的影响,下面从专利比例视角进行考察。表 4 – 11 报告了专利比例的估计结果,其中模型(1)和模型(2)的被解释变量是节能、节电类专利数量与节水专利数量之比,模型(3)和模型(4)的被解释变量本地区每 100 件专利数中拥有节能、节电类专利个数。

表 4 – 11　能效标识制度对绿色技术的偏向性诱发效应

解释变量	与节水专利对比		与所有专利对比	
	模型(1)	模型(2)	模型(3)	模型(4)
能效标识制度	1.833 **	2.525 ***	0.806 ***	1.028 ***
	(2.45)	(2.88)	(4.47)	(6.29)
投资率	4.808 ***	6.389 ***	1.119 *	1.517 ***
	(2.92)	(4.07)	(1.80)	(2.73)
人均GDP	− 1.795 *	− 2.177 **	− 0.462 **	− 0.568 ***
	(− 1.98)	(− 2.41)	(− 2.57)	(− 3.47)
人均GDP的平方	0.278	0.317 *	0.0353	0.0457 **
	(1.64)	(1.86)	(1.52)	(2.12)
产业结构	− 0.271	− 0.323	0.192	0.119
	(− 0.19)	(− 0.19)	(0.38)	(0.27)

续表

解释变量	与节水专利对比		与所有专利对比	
	模型（1）	模型（2）	模型（3）	模型（4）
外商投资	10.21	8.164	-7.565	-12.80**
	(0.42)	(0.37)	(-1.21)	(-2.09)
金融发展程度	-0.128	-0.181	0.253	0.261
	(-0.18)	(-0.25)	(1.14)	(1.14)
经济环境	-18.79**	-12.58**	-5.057***	-3.794**
	(-2.64)	(-2.10)	(-2.76)	(-2.54)
人力资本	0.117	0.151	0.207**	0.199***
	(0.34)	(0.48)	(2.70)	(2.96)
研发投入	1.787***	1.514***	0.113	-0.0132
	(5.40)	(4.46)	(1.17)	(-0.14)
C	8.856**	6.989*	4.833***	4.725***
	(2.40)	(1.84)	(5.08)	(4.92)
F 或 Wald	18.16	173.16	21.52	183.34
	[0.0000]	[0.0000]	[0.0000]	[0.0000]
Hausman 检验	34.03		20.32	
	[0.0002]		[0.0264]	
模型	FE	RE	FE	RE

注：***、**、*分别表示估计值在1%、5%、10%的水平上显著；小括号内的数值为稳健标准误差下的 t 统计量，中括号内的数值为 P 值。

从模型（1）和模型（2）的估计结果可以发现，能效标识制度的估计系数均为正，分别在5%、1%的水平上显著。节水专利与节能、节电类专利属于同一性质的专利，除去能效标识制度之外，同一地区受到的环境规制约束大多数时候是可以理解为一样的，从这一结果可以初步表明，能效标识制度具有偏向性绿色技术诱导效应。

模型（1）和模型（2）的 Hausman 检验的 P 值为0.0002，在1%的水平下拒绝采用随机效应模型的原假设。从模型（1）的估计结果来看，其他控制变量的估计结果与表4-9的方向基本一致，只是显著性方面有所区别。

从模型（3）和模型（4）的估计结果可以发现，能效标识制度的估计系数分别为0.806和1.028，均在1%的水平上显著。这个结果说明，能效标识制度能提高节能、节电类专利数量占所有专利数量的比例，也就是说，能效标识制度具有偏向性绿色技术诱导效应。

模型（3）和模型（4）的Hausman检验的P值为0.0264，在1%的水平下拒绝采用随机效应模型的原假设。从模型（3）的估计结果可以发现：①提高社会投资和增加研发投入有助于节能、节电技术的偏向性进步；②经济环境恶化会显著抑制节能、节电技术的偏向性进步，导致这个结果的原因可能是绿色技术研发大部分集中在大中型企业，规模以上企业亏损比例增加，导致绿色创新的投入减少；③其他控制变量的估计结果与表4-9基本一致，只是显著性方面略有不同，表明这些诱发或者抑制绿色技术进步的因素，也会同方向影响绿色技术的偏向性进步。

表4-11的估计结果表明，不论从同类性质专利对比还是与所有专利对比，能效标识制度对节能、节电类专利的偏向性进步都有显著的正向影响。因此，我们可以认为，能效标识制度对绿色技术具有显著的偏向性诱发效应。

（五）诱发效应的差异化分析

为了进一步分析能效标识制度对节能、节电技术的诱发效应，下面根据创新程度分别就能效标识制度对不同专利的影响进行考察。基于前文思路，分别按专利数量和专利比例进行分析，表4-12中模型（1）、模型（2）的被解释变量为专利数量，模型（3）、模型（4）的被解释变量为每100个专利中节能、节电专利的个数。

Hausman检验显示，模型（1）、模型（2）应选用随机效应的面板负二项回归，模型（3）、模型（4）应选用固定效应模型。

表 4 – 12　诱发效应的差异化

解释变量	绿色技术诱发效应		绿色技术偏向性诱发效应	
	发明专利	实用新型	发明专利	实用新型
	模型（1）	模型（2）	模型（3）	模型（4）
能效标识制度	0.849 ***	0.505 ***	1.510 ***	1.189 ***
	(10.52)	(6.63)	(7.23)	(6.74)
投资率	0.927 **	0.705 ***	2.935 ***	0.617
	(2.35)	(2.85)	(3.63)	(1.11)
人均 GDP	− 0.271 ***	− 0.222 ***	− 0.714 ***	− 0.468 ***
	(− 2.63)	(− 2.74)	(− 3.38)	(− 2.63)
人均 GDP 的平方	0.0335 **	0.0294 ***	0.0690 **	0.0346
	(2.57)	(3.01)	(2.44)	(1.46)
产业结构	0.0536	0.0863	− 0.191	0.811 *
	(0.15)	(0.26)	(− 0.49)	(1.90)
外商投资	0.806	− 1.628	− 11.78 *	− 16.60 ***
	(0.20)	(− 0.41)	(− 1.90)	(− 2.64)
金融发展程度	− 0.0525	− 0.101 **	0.167	0.196
	(− 0.95)	(− 2.05)	(0.91)	(0.65)
经济环境	− 5.852 ***	− 5.126 ***	− 7.423 ***	− 1.333
	(− 6.57)	(− 5.33)	(− 4.33)	(− 0.76)
人力资本	0.0897 **	0.0951 ***	0.336 ***	0.0646
	(2.24)	(2.72)	(4.79)	(0.78)
研发投入	0.297 ***	0.260 ***	− 0.0566	− 0.0495
	(5.39)	(4.26)	(− 0.69)	(− 0.42)
C	0.546	1.135 **	3.278 ***	5.779 ***
	(1.12)	(2.25)	(3.98)	(4.95)
模型	随机效应的面板负二项回归	随机效应的面板负二项回归	FE	FE

注：***、**、* 分别表示估计值在 1%、5%、10% 的水平上显著；括号内的数值为稳健标准误下的 t 统计量。

从表 4 - 12 可以发现：第一，模型（1）中能效标识制度的估计系数为正，并在 1% 的显著水平上显著；模型（3）的估计结果显示，能效标识制度的估计系数为正，也在 1% 的显著水平上显著。上述结果表明，能效标识制度对发明专利的绝对数量提升和相对数量提升均有显著正向作用，也就是说，该制度对发明专利具有显著的诱发效应。

第二，模型（2）的估计结果显示，能效标识制度的估计系数为正，且在 1% 的显著水平上；模型（4）中能效标识制度的估计系数为正，并在 1% 的显著水平上显著。上述结果表明，能效标识制度对实用新型专利的影响作用是全方位的，不仅绝对数量方面作用显著，在相对数量方面作用也是明显的，即能效标识制度对实用新型专利具有明显的诱发效应。

第三，分别对比绝对数量和相对数量下的模型（1）和模型（2）、模型（3）和模型（4）可以发现，模型（1）中能效标识制度的系数明显大于模型（2）；模型（3）中交互项能效标识制度的系数也明显大于模型（4）。这表明，能效标识制度对发明专利的作用更强烈。

（六）小结

本节通过构建中国 1998 ~ 2013 年节能、节电类专利面板数据，以能效标识制度为切入点，探讨了命令—控制型行动一致的环境规制对绿色技术创新的诱导机制。研究发现：①能效标识制度对节能、节电专利具有显著的正向影响，即能效标识制度对绿色技术创新具有显著的诱导效应；②能效标识制度能提升节能节电专利与节水专利、节能节电专利与所有专利的比例，即该政策具有显著的绿色技术偏向性诱发效应；③相对而言，能效标识制度对创新程度较高的发明专利具有更加强烈的诱导效应。

四、本章小结

为了考察行动一致的环境规制对绿色技术进步的影响，本章首先讨论了我国地域竞争背景下的地区环境规制策略，界定了行动一致的环境规制，然后从消费阶段选取了市场型和命令—控制型的代表性政策工具：居民用电实行阶梯电价政策、能源效率标识制度，并就这两个环境规制政策进行实证分析。

基于阶梯电价政策视角，在经验观察和分析作用机理的基础上，从绝对数量和相对数量两个层面实证检验了阶梯电价对绿色技术诱导效应。研究发现：①阶梯电价政策类似于在能源价格的基础上添加一个外生价格，电价加价是该政策的绿色技术创新诱导机制能否发生作用的关键；②居民阶梯电价政策对专利、节能节电专利具有显著的正向影响，即阶梯电价政策对技术创新、绿色技术创新具有显著的诱导效应，该政策的波特假说是成立的；③居民阶梯电价政策能显著提高节能、节电专利占社会专利的比例，即该政策具有显著的绿色技术偏向性诱发效应；④相对而言，现有的阶梯电价政策对创新程度较低的实用新型专利的诱导效应更加明显和强烈。

基于能效标识制度，在经验观察和作用机制分析的基础上，进一步从专利数量和数量比例视角实证检验了该制度的绿色技术创新效应。研究发现：①能效标识制度给用能产品市场带来了一种明确的能源效率信号，能源效率意味着使用成本的变化，消费者能否客观准确地感知这个信号，是能效标识制度能否诱导绿色技术创新的关键；②能效标识制度对节能节电专利具有显著的正向影响，即阶梯电价政策对绿色技术具有显著的诱导效应；③能效标识制度能提升节能节电专利与节水专利、节能节电专利与所有专利的比例，即该政策具有显著的绿色技术偏向性诱发效应；④相对而言，能效标识制度对创新程度较高的发明专利具有更加强烈的诱导效应。

对比阶梯电价政策和能效标识制度的实证结果，我们发现两者存在诸多共性与区别。共性主要体现在两个层面：从绝对数量角度，两种规制对节能、节电专利均有积极的诱发效应，这也说明，不论是市场型还是命令—控制行动一致的环境规制均可诱发绿色技术进步；从相对数量视角，两种规制工具均能显著提升节能、节电专利占所有专利的比例，这表明不论是市场型还是命令—控制行动一致的环境规制均可偏向性诱发绿色技术进步。

差异方面：①两种规制工具诱发绿色技术进步的条件不同，电价加价是阶梯电价能否诱发节能、节电专利的条件，而能效标识制度的条件是用能产品的能源效率信号。为此，能否诱发绿色技术进步，对前者而言，关键是价格；对后者而言，关键是政策覆盖面和执行力。②诱发的差异性有所区别，阶梯电价对实用新型专利的诱发效应更加显著；能效标识制度对发明专利的诱发效应更加有效。

根据上述研究结果，行动一致的环境规制具有显著的绿色技术诱导效应，然而不同的规制工具也存在显著差异。基于中国环境规制政策与绿色技术进步的发展现实，结合本书研究结论，我们就提高环境规制质量促进绿色技术进步提出以下几点建议：

第一，完善规制管理体系，促进规制行动一致。在新型工业化进程中提升环境规制的质量、提高环境规制的效率是我国未来经济社会可持续发展的重要挑战之一，环境规制的质量和效率不仅是针对政策本身的评价，也是对规制执行的评价。改革开放以来，尽管我国逐步完善了环境和自然资源保护的法律体系、执法手段和市场调节制度，但从执行情况来看，现有的环境规制框架仍滞后于社会经济的快速发展，制度建设和政策执行的调整仍不容乐观。从研究结论来看，行动一致的环境规制具有良好的绿色技术诱导效应，而绿色技术又是解决环境问题的关键钥匙，为此，探索一条行动一致的环境规制的实现路径具有重要的现实意义。从区域协作角度看，需要建立和完善跨部门、跨区域的利益协调机制，加强横跨多个区域和部门的全方位合作，树立共存、共荣的环保理念，建立起包括监测、治理、宣传等多方面的协同联动体系，改变相关地区和部门"九龙治水"的局面，实现环境规制的行动一致。

第二，丰富环境规制工具，发挥市场激励效应。就正式环境规制而言，环境标准、产品禁令、许可证与限额等命令—控制型环境规制工具具有强制性，尽管也能促进绿色技术进步，但是这种规制政策往往夹杂着"一刀切"政策、政府强烈干预等特点，会显著提高参与主体（特别是企业）的经济成本和带来过高的行政成本，其负面效应也非常显著。所以，为了有效激励企业绿色技术创新工作的开展，选择政府干预并辅以市场和社会的工具，充分发挥市场激励型环境规制政策（如排污权交易、环境税等）的作用则显得至关重要。从研究结论来看，对消费阶段实施能源阶梯价格具有良好的绿色技术诱导机制，可以考虑试点和发展生产阶段的阶梯价格，如能源价格、排污税和环境税等实施阶梯价格。

第三，强化规制实施质量，提升法律规范效力。一是要提高环境政策的权威性和执法的独立性，保障相关职能部门在环境规制执行过程中的执法效力，制定重大环境事故应急处理机制，完善具体行业的环境规制政策；二是要坚持以人为本，无论是在环境规制的制定中还是执行过程中，始终把保护自然资源放在首位；三是要正确处理好顶层设计和基层首创的关系，完善官员政绩考核机制，提高环境治理考核比重。

第五章　环境规制与绿色技术创新能力[①]

　　前面两章我们讨论了环境规制对绿色技术投入、绿色技术进步的影响，发现行动一致的环境规制对绿色技术创新投入的影响是确定的，对绿色技术进步的作用也是显著的。然而，绿色技术创新不仅涉及投入与产出问题，也涉及投入产出的效率问题，这种效率就是一种能力，可以称为绿色技术创新能力。那么，环境规制对绿色技术创新能力影响如何呢？

　　制造业的持续发展是中国经济近 30 多年保持高速增长的主要动力源泉之一。但是，由于粗放的发展模式和长期处于国际产业链的末端，制造业带动经济增长的同时也加剧了资源环境负担。据统计，2014 年制造业能源消费总量达 25 亿吨标准煤，约占全社会能源消费总量的 59%；废水排放量为 154 亿吨，约占工业废水排放量的 75%。当前，我国正进入以"中高速、新动力和优结构"为主要特征的新发展阶段，为此，从制造业领域寻求缓解资源环境压力的发展路径具有重要的现实意义。然而，尽管制造业在我国的资源消耗和环境污染中影响巨大，但鲜有文献从产业角度探讨制造业绿色技术创新问题。为此，本章将以制造业为切入点，探讨环境规制对中国绿色技术创新能力的影响。

---

　　① 本章内容已投稿《情报杂志》，于 2017 年 1 月刊发，收入本书中略有增减。刘章生、宋德勇、弓媛媛等. 中国制造业绿色技术创新能力的行业差异与影响因素分析［J］. 情报杂志，2017，36（1）：194－200.

一、中国制造业的发展与资源环境挑战

（一）中国制造业的发展现状

伴随着新一轮的产业技术革命和全球经济体产业竞争范式的转变，制造业在国民经济中的地位越发显得重要。从国际视角来看，每一个发达国家都必须有自身先进的制造业体系。特别是次贷危机的出现，促使传统工业强国开始反思"脱实就虚"的发展方式，重新审视制造业在国民经济中的地位，并采取积极的政策推动制造业发展。如德国工程院提出的"工业4.0 计划"、欧盟提出的"未来工厂计划"，美国政府提出的"制造业行动计划"。尤其是美国，在特朗普执政后，更是出台了一系列旨在复兴本国制造业的政策措施。这些政策可能是人类文明第三次工业革命的重要标志，也对制造业提出了"自动化、智能化与清洁化"的发展方向。这些政策将对简单劳动和高能耗生产模式的替代，也将对中国传统的制造业生产方式形成冲击。

作为传统的农业大国，中国在以一个新兴工业国身份日渐崛起的过程中，制造业的持续发展是近 30 多年保持经济高速增长的主要动力源泉之一。2004～2014 年，我国制造业增加值占 GDP 比重长期占比达到 30% 以上。然而伴随着我国经济发展速度逐渐步入工业化后期，增长速度开始由高速转向中高速，进入了新常态发展阶段，服务业在国民经济中所占比重越来越高。2013 年，我国服务业在三次产业中占比首次超过了工业，在这一背景下，制造业传统粗放式的生产方式将面临重大调整。在诸多的深层次矛盾和瓶颈问题中，我国制造业所面临的资源环境约束是当前的最大挑战。在此背景下，如何改善高能耗高污染生产方式、提高制造业绿色生产效率是中国经济保持又好又快发展的关键。

（二）中国制造业发展面临的资源环境挑战

由于粗放的发展模式和长期处于国际产业链的末端，制造业带动经济增长的同时也加剧了资源环境负担。据统计，2014 年制造业增加值为 19.56 万亿元，占 GDP 比重为 30.38%；而制造业在创造了巨大经济效益的同时，对资源消耗的能源消费总量达 24.5 亿吨标准煤，约占全社会能源消费总量的 57.6%。制造业生产规模日益扩大，而技术进步效率却并没有得到同步提高。其中一个重要的原因是，随着后发优势的不断弱化，我国制造业引进发达国家技术的速度减慢，继续保持了以产业转移为主要形式的高能耗和高排放的生产，制造业的绿色技术创新能力提升面临内部和外部的双重制约，以致无法适应日益严格的资源环境约束。在过去的 10 年中，伴随工业产业结构的逐步完善，国民的收入增长无法提升需求拉动的配置效率，我国制造业的绿色技术创新能力急需提升。

然而，现实情形却不容乐观，如图 5-1、图 5-2 和图 5-3 所示，2014 年我国制造业的废水排放量为 154 亿吨，约占废水排放总量的 82.5%，而且随着时间推移，这一数值呈现出日渐增加的趋势，2005 年

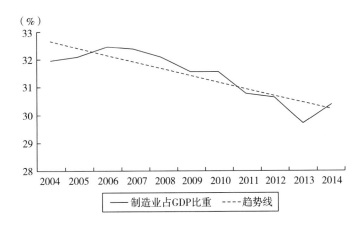

图 5-1　2004～2014 年中国制造业增加值占国民经济比重

后，制造业的废水排放占总排放量比例常年高于80%。由此可见，2004～2014年，我国制造业增加值占国民收入比重不断下降，但制造业的能耗占比和排放占比却逐渐上升。由此可见，制造业领域近10年的技术创新与环境效率提升之间并没有形成良好的互动。有学者认为这是我国制造业的整体性问题，而不是个别领域的技术突破不足问题（黄群慧，2015），所以说提高制造业绿色创新能力迫在眉睫。

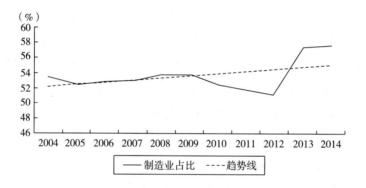

图5-2　2004～2014年中国制造业能源消耗占全社会比重

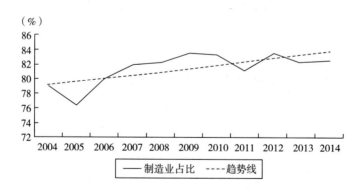

图5-3　2004～2014年中国制造业废水排放占全社会比重

在全球产业格局发生巨变的背景下，伴随着新一轮工业革命，中国的工业化进程也将进入新的阶段，传统粗放式的制造业发展模式所积累下来的深层次矛盾和问题，在未来将表现得更加严峻。为此，中央适时提出了供给侧结构性改革的经济发展思路，从短期来看，就是要做好"去产能、去库存、去杠杆、降成本、补短板"五大任务，而从长期发展看，就必须坚持绿色技术创新导向。

传统意义的技术创新较少考虑环境质量提高和资源可持续利用，而绿色技术创新则更加强调绿色发展的内容，绿色创新的产生有赖于市场生态需求的出现和强化。绿色技术创新是在当前资源环境约束情况下的必然选择，对于应对环境资源约束和气候变化、践行绿色发展理念、实现清洁化和可持续发展，有着更加深远的意义。

以绿色技术创新为导向是新常态下经济发展的要求，而经济结构不断优化升级、发展动力从"要素驱动、投资驱动转向创新驱动"是供给侧改革的重要特征（曾宪奎，2016），在一定程度上，创新便是供给侧改革的发展主题。而集约型方式的"集约"需要通过绿色技术创新来实现。在这种背景下，供给侧结构性改革作为经济调控体系的重要组成部分，在未来的政策实施中必须逐步将政策重心向绿色技术创新靠拢（见图5-4）。

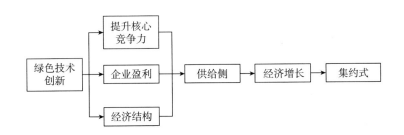

图5-4 绿色技术创新、供给侧改革与经济发展

当然，不可回避的是，原始创新确实存在于领先企业的突破，技术进步需要长期的积累；加快绿色技术创新，促进先进适用技术在大中型企业中的推广和应用，推动制造业生产运营领域的先进成果向更多企业的扩散，无疑是提高绿色技术创新能力的重要环节，但是，从政策层面特别是环境政策，发现和挖掘促进绿色技术创新能力提升的有效路径，在当前具有重要的现实意义，然而，现有文献鲜有从制造业视角探讨环境规制与绿色技术创新问题。究其原因，开展研究可能存在以下两个制约因素：一是关于绿色技术创新的研究在我国尚处于起步阶段，实证研究匮乏（李丹和杨建君，2015；杨朝均等，2016），已有文献主要针对地域视角展开，如冯志军（2013）、钱丽等（2015），且对其进行客观评价的方法有待进一步完善；二是由于国民经济行业分类标准调整和统计口径变化，导致数据收集和处理存在困难。为完善相关研究，充实有关文献，本章尝试将相关数据按统一口径调整，对 2003～2014 年我国制造业各行业的绿色技术创新能力进行测算，在分析行业差异的基础上，进一步探讨环境规制对绿色技术创新能力的影响。

二、中国制造业绿色技术创新能力：测算与分析

（一）绿色技术创新能力的测算方法

绿色技术创新能力是在生产出绿色产品的过程中降低环境污染、减少消耗（原材料与能源）的技术和工艺创新能力（刘章生等，2017）。全要素生产率不仅反映了增长的源泉，又体现了增长的质量，是判断可持续发展的重要标准。因此，本书通过测算绿色技术创新的全要素生产率来分析我国制造业的绿色技术创新能力。

在相对广义的同质性决策单元的潜在假设下，近年来国内外有不少学者运用 DEA 方法在行业产能利用率（董敏杰等，2015）、行业经济效率（石旻等，2016；Vaninsky，2006）、行业碳生产率（杨翔等，2015）、行业能源效率（王班班和齐绍洲，2015）、行业绿色（环境）

发展绩效（Chen and Golley，2014）等相关行业问题展开探讨。基于DEA模型的Malmquist指数法是较为常用的测算全要素生产率的方法。为了考察不同行业的绿色创新能力，本书参考Chung等（1997）的方法，通过设置方向性距离函数来测算考虑非期望产出，并根据Tone（2001）提出的松弛DEA模型，进一步扩展Pastor和Lovell（2005）的研究，提出与Oh（2010）相似的绿色创新全域Malmquist – Luenberger指数（GML指数）。GML指数的测算过程首先是基于全域技术前沿测算出各行业不用时期绿色创新的效率值，然后通过不同时期同行业效率值的变化来测算评价该行业绿色创新能力的指数。该指数能较好地处理狭义上的行业异质性问题，进而实现客观评价各行业的绿色创新能力的目的。

综上，本章通过设置一个单一的贯穿全局生产技术的生产前沿，采用全域SBM方向性距离函数和GML指数，构建绿色技术创新全要素生产率的计算模型，测算绿色技术创新GML指数。

1. 全域生产可能性集

在分析绿色技术创新能力时，需要构建一个同时包含好产出和坏产出的全域生产可能性集。本书将每个制造行业视为生产决策单元（DMU），假设每个DMU有 m 种投入 $x = (x_1, \cdots, x_m) \in R_+^m$，产生 n 种期望产出 $y = (y_1, \cdots, y_n) \in R_+^m$ 和 k 种非期望产出 $b = (b_1, \cdots, b_m) \in R_+^m$，则第 j 个制造行业第 t 期的投入和产出值可以表示为 $(x^{j,t}, y^{j,t}, b^{j,t})$，则构造出测算绿色技术创新的生产可能性集如下：

$$P^t(x^t) = \left\{ (y^t, b^t) \mid \bar{x_{jm}^t} \geqslant \sum_{j=1}^J \lambda_j^t x_{jm}^t, \bar{y_{jn}} \leqslant \sum_{j=1}^J \lambda_j^t y_{jn}^t, \bar{b_{jk}^t} \geqslant \sum_{j=1}^J \lambda_j^t b_{jk}^t, \right.$$

$$\left. \lambda_j^t \geqslant 0, \forall m, n, k \right\} \tag{5-1}$$

式中，λ_k^t 是每一个横截面观测值的权重，如果 $\sum_{k=1}^K \lambda_k^t = 1$，则表示规模报酬可变（VRS），否则表示规模报酬不变（CRS）。$P^t(x^t)$ 是 t 期的生产可能性集，集合中的每一个数据仅表示一个截面的观测值。为了增强决策单元的可比性，探究各制造行业绿色技术创新能力的动态变化，参照Oh

(2010) 的做法，将当期生产可能性集替换为全域生产可能性集 $P^g(x^t)$，设定 $P^g(x^t) = P^1(x^1) \cup P^2(x^2) \cup \cdots \cup P^T(x^T)$，即整个 t 期内，在整个生产集的观测数据中，设置一个单一的贯穿全域的参考生产前沿，则 $P^g(x)$ 表示如下：

$$P^g(x)^t = \left\{ (y^t, b^t) \mid x_{im}^t \geqslant \sum_{t=1}^{T} \sum_{j=1}^{J} \lambda_j^t x_{jm}^t, y_{jn}^t \leqslant \sum_{t=1}^{T} \sum_{j=1}^{J} \lambda_j^t y_{jn}^t, b_{jk}^t \right.$$
$$\left. \geqslant \sum_{t=1}^{T} \sum_{j=1}^{J} \lambda_j^t b_{jk}^t, \lambda_j^i \geqslant 0 \right\} \tag{5-2}$$

2. 全域 Malmquist – Luenberger 指数

设方向性向量为 $g = (g_y, g_b)$，$g \in R_+^n \times R_+^k$，全域方向性距离函数表示为 $\overrightarrow{D}^G(x, y, b; g_y, g_b) = \max\{\beta \mid y + \beta g_y, b - \beta g_b\} \in P^G(x)\}$，则基于 SBM 方向性距离函数的 GML 指数可表示为：

$$GML_t^{t+1}(x^t, y^t, b^t, x^{t+1}, y^{t+1}, b^{t+1}) = \frac{1 + \overrightarrow{D}^G(x^t, y^t, b^t; g_y^t, g_b^t)}{1 + \overrightarrow{D}^G(x^{t+1}, y^{t+1}, b^{t+1}; g_y^{t+1}, g_b^{t+1})}$$
$$\tag{5-3}$$

在 Oh 的研究基础上，参照 Chung 等（1997）的研究，进一步将 GML 分解为技术效率变化和技术变化，分解结果如下：

$$GML_t^{t+1} = \frac{1 + \overrightarrow{D}^G(x^t, y^t, b^t; g_y^t, g_b^t)}{1 + \overrightarrow{D}^G(x^{t+1}, y^{t+1}, b^{t+1}; g_y^{t+1}, g_b^{t+1})} \times$$

$$\frac{[1 + \overrightarrow{D}^G(x^t, y^t, b^t; g_y^t, g_b^t)] \div [1 + \overrightarrow{D}^t(x^t, y^t, b^t; g_y^t, g_b^t)]}{[1 + \overrightarrow{D}^G(x^{t+1}, y^{t+1}, b^{t+1}; g_y^{t+1}, y_b^{t+1})] \div [1 + \overrightarrow{D}^{t+1}(x^{t+1}, y^{t+1}, b^{t+1}; g_y^{t+1}, g_b^{t+1})]}$$
$$= GEC_t^{t+1} \times GPTC_t^{t+1} \tag{5-4}$$

（二）指标选取与数据处理

科技创新的投入要素一般分为资本和劳动两种：根据数据的可获得性和准确性，资本投入选取 R&D 资本存量，劳动投入选用 R&D 人员。产出包括好产出和坏产出：好产出选取代表创新成果的市场及商业化水平的新产品销售收入，综合参考曹霞和于娟（2015）、王惠等（2015）相关研究；坏产出包含单位工业增加值能耗、单位工业增加值工业固体废物产生量、单位工业增加值 SO_2 排放量、单位工业增加值工业废水排放总量。

显然，创新投入产出数据的质量特别是将不可直接观察的 R&D 资本存量和非期望产出（能耗，废气、固废和废水排放）纳入评价体系对合理分析中国制造业绿色技术创新能力变化至关重要。然而，要获得制造业分行业创新投入产出变量的数据并不是一件容易的事，需要解决一些难题：由于国家行业分类标准的变化而导致的不同时期内制造业分行业的不匹配；由于统计指标体系变化和统计口径变化导致科技活动经费与 R&D 经费、科技活动人员与 R&D 人员、规模以上企业和大中型企业之间出现变化、数据缺失（如工业增加值）等。为此，下面将从《中国统计年鉴》、《中国科技统计年鉴》、《中国工业经济统计年鉴》、《中国能源统计年鉴》和《中国环境统计年鉴》中选取科技创新的原始数据，在对这些数据进行仔细分析和辨别的基础上，确定行业合并、统计口径调整和价值量变量平减的基本原则，调整了 R&D 资本存量、R&D 人员、工业增加值、能源消费、工业固体废物产生量、SO_2 排放量和工业废水排放量的统计数据。综合考虑数据的完整性、研究样本的统计口径、研究时期等因素，利用 2003 ~2014 年除了废弃资源和废旧材料回收加工业、工艺品及其他制造业的 28 个制造行业进行分析。

1. R&D 经费内部支出的数据处理

2003 ~ 2014 年，《中国科技统计年鉴》对制造业研发投入先后有三类统计口径差异：一是行业分类变化；二是规模以上企业与大中型企业；三是科技活动经费与 R&D 经费。

（1）行业口径调整。我国在 1984 年首次发布了《国民经济行业分类标准（GB/T4754）》，1994 年、2002 年、2011 年先后三次进行了修订。2003 ~2011 年，统计口径执行《国民经济行业分类标准（GB/T4754—2002）》；2012 ~2014 年，统计口径执行《国民经济行业分类标准（GB/T4754—2011）》。

相对于《国民经济行业分类标准（GB/T4754—2002）》、《国民经济行业分类标准（GB/T4754—2011）》关于制造业两位数行业口径主要有以下变化：

1）将"纺织服装、鞋、帽制造业"中的制帽改为服饰，并将其调至皮革、毛皮、羽毛及其制品和制鞋业。

2）将"塑料制品业"并入橡胶制品业，并将行业名称改为"橡胶和塑料制品业"。

3）将"交通运输设备制造业"拆分为"汽车制造业"和"铁路、船舶、航空航天和其他运输设备制造业"。

4）将"仪器仪表及文化、办公用机械制造业"中的"文化、办公用机械制造"调至"通用设备制造业"。

5）将"工艺品及其他制造业"中的"工艺美术品制造"调至"文教体育用品制造业"，并将行业名称改为"文教、工美、体育和娱乐用品制造业"。

根据上述差异，本书首先对制造业的行业口径进行如下调整：

1）"橡胶和塑料制品业"：以 2009 年和 2011 年的数据为基数，采用趋势线分别测算 2012～2014 年的数据，分别加总三年的数据，与统计数据进行对比，并按此比例平分各年数据。

2）将"汽车制造业"和"铁路、船舶、航空航天和其他运输设备制造业"进行加总，得到 2012～2014 年"交通运输设备制造业"的数据。

3）对于其他 6 个局部变化的行业，首先将 2009 年和 2011 年涉及调整的行业数据进行加总，并采用趋势线分别测算 2012～2014 年的数据，然后将预测数据与统计数据进行对比，并按照原有比例进行各年分摊，得到新的各年数据。

（2）规模以上企业与大中型企业的数据调整。考虑到科技研发主要集中在大中型企业及数据的可获得性和完整性，选取大中型企业的研发投入进行研究。在《中国科技统计年鉴》的数据中，2004 年、2008 年、2011 年和 2012～2014 年是规模以上企业的统计数据，2009 年包含规模以上企

业、大中型企业的统计数据，其余年份均为大中型企业的统计数据。根据
2009 年的统计数据，可以获得该年大中型企业占规模以上企业口径的不同
制造行业的比例数据，利用该组比例数据可以把规模以上企业分行业数据
调整到大中型企业口径。然而，仅仅利用 2009 年的比例对相关数据进行
口径调整是不尽合理的，因为大中型企业指标占比在不同年份会发生变
化。本书尝试增加一种调整口径的方法：分别以 2005 ~ 2007 年、2009 ~
2010 年的数据为基数，采用趋势线分别测算 2004 年、2008 年、2011 年和
2012 ~ 2014 年的数据。将上述两种方法调整后的数据进行平均，得到新的
一组数据。

（3）科技活动经费与 R&D 经费调整。大部分文献采用 R&D 经费作为
投入代理变量，为此本书将 2003 ~ 2008 年各行业的科技活动经济调整为
R&D 经费口径。假定 2008 年科技活动与 R&D 经费的比例与 2009 年相同，
然后根据 2003 ~ 2008 年、2008 ~ 2009 年的数据分别预测 2009 年的科技活
动经费、2008 年的 R&D 经费，并根据这两年的数据分别计算出各行业的
比例，将两组比例平均得出各年的比例，以此调整 2003 ~ 2008 年各行业
大中型企业研发支出的统计口径。

2. R&D 资本存量的计算

R&D 资本存量不可以直接获得，需要采用一定的方法进行估算。本书
参考吴延兵（2006）的方法，采用永续存盘法进行核算，具体如下：

$$K_{i,t} = I_{i,t} + (1 - \alpha) K_{i,t-1} \tag{5-5}$$

式中，$K_{i,t}$ 和 $K_{i,t-1}$ 分别表示 i 行业在 t 期和 $t-1$ 期的 R&D 资本存量，α
为折旧率，$I_{i,t}$ 为 i 行业在 t 期的实际 R&D 经费内部支出，借鉴朱平芳和徐
伟民（2003）的方法，R&D 平减价格指数 = 0.45 × 固定资产投资价格指
数 + 0.55 × 工业生产者出厂价格指数。

现有文献对折旧率通常采用一个不变的系数，这种方法显然可以进一
步完善，黄勇峰和任若恩（2002）根据资产结构对折旧率进行了调整。实
际上，2004 ~ 2015 年《中国工业统计年鉴》提供了 2003 ~ 2014 年规模以
上企业的资产原值和累计折旧，利用当年累计折旧、上年累计折旧及上年

资产原值可以计算出该行业的资产折旧率，参照陈诗一（2011）的方法，采用分行业折旧率，即

$$\alpha_{i,t} = d_{i,t} \div c_{i,t-1} \qquad\qquad (5-6)$$

式中，$\alpha_{i,t}$ 是 i 行业在 t 期的折旧率，$d_{i,t}$ 是 i 行业规模以上企业在 t 期的资产折旧，$c_{i,t-1}$ 为 i 行业规模以上企业在 $t-1$ 期的固定资产原值。

接下来进一步估计基期资本存量。考虑到数据的可获得性，选用 2003 年为资本存量基期，并假设 R&D 资本存量增长率与实际 R&D 内部支出经费增长率是一致的，估计公式如下：

$$K_{i,0} = I_{i,0} \div (g_i + \alpha_i) \qquad\qquad (5-7)$$

式中，$K_{i,0}$ 为 i 行业的基期资本存量，$I_{i,0}$ 为 i 行业的基期 R&D 内部支出经费，g_i 为实际 R&D 内部支出经费增长率的几何平均值，α_i 为 i 行业的几何平均折旧率。

3. 其他投入产出数据处理

（1）R&D 人员的数据处理。基于上述方法，将 2003～2014 年《中国科技统计年鉴》中的行业口径、规模以上企业与大中型企业口径、科技人员与 R&D 人员口径进行调整，得到与资本投入相同口径的 R&D 人员数据。

（2）好产出的数据处理。利用 2003～2011 年的数据，根据前文产业口径调整原则，采用趋势线分别测算 2012～2014 年的新产品销售收入，利用预测数据与统计数据得到分摊比例，并按此比例平分各年数据，采用各行业工业生产者出厂价格指数进行平减。

（3）坏产出的数据处理。首先，2008 年以后有关统计资料没有公布分行业工业增加值数据，根据每年 12 月各分行业工业增加值累计增长率进行推算，并利用各行业工业生产者出厂价格指数进行平减。其次，利用 2003～2011 年的数据，根据前面产业口径调整原则，采用趋势线分别测算 2012～2014 年的能耗和工业增加值数据，预测数据与统计数据进行对比得到分摊比例，并按此比例平分各年数据。最后，利用 2003～2010 年的数据，根据前面产业口径调整原则得到 2011～2014 年的工业固体废物产生量、SO_2 排放量和工业废水排放总量数据。

（三）绿色技术创新能力的行业差异分析

1. 整体状况

2003～2014 年中国制造业绿色技术创新 GML 指数的均值增长 4.96%，其变化趋势具有明显的阶段性特征：2003～2008 年增幅呈下降态势，2008～2014 年呈稳步上升趋势，说明从整体上看中国制造业的绿色技术创新能力在提升，而 2008 年以后随着我国发展方式的转变，绿色技术创新能力得到进一步提升。从指数分解情况来看：第一，绿色技术创新 GML 指数的增长主要来自技术进步，说明技术进步是绿色技术创新能力提升的主要推动力量；第二，技术进步指数的均值为 1.065，但整体上出现了波动下滑趋势，导致这个结果的原因可能是我国制造业的技术进步主要源自技术引进，但随着技术差距的缩小，这种缺乏原创的技术进步正变得不可持续；第三，纯技术效率的均值为 0.986，制约着绿色技术创新能力的提升，但总体上呈现波动上升趋势。全要素生产率、绿色创新能力是经济绿色增长方式转型的关键，上述结果尽管表明我国制造业绿色 GML 指数年均增长 4.96%，但显然未实现与 GDP、工业增加值增长率的同速发展，这一方面说明我国制造业过去以粗放发展为主；另一方面也说明我国制造业绿色创新能力具有较大增长潜力。同时，绿色创新 GML 指数主要来自技术进步，说明促进技术进步是提升绿色创新能力的关键手段。

2. 行业差异

从分行业来看：第一，除了食品制造业、家具制造业、橡胶制品业、塑料制品业和皮革、毛皮、羽毛（绒）及其制品业外，其他 23 个行业的平均绿色技术创新 GML 指数均大于 1，全部样本的 GML 指数也大于 1，说明中国制造业的绿色技术创新能力整体呈上升态势；第二，从指数分解情况来看，有 12 个行业的绿色技术效率变化值大于 1，但整体样本的绿色技术效率变化指数小于 1，说明中国制造业的科技成果转化能力有待进一步加强；第三，各个行业的绿色技术进步指数均大于 1 且大于绿色效率变化指数，总体样本的绿色技术进步指数也大于 1，说明技术进步是推动制造业各行业绿色技术创新能力提升的主要因素。

为了更好地分析各类行业绿色技术创新效率的差异，本书将中国制造业分两类进行分析：一是根据耗能、排放状况将农副食品加工业、食品制造业、纺织业、造纸及纸制品业、石油加工炼焦及核燃料加工业、化学原料及化学制品制造业、化学纤维制造业、非金属矿物制品业、黑色金属冶炼及压延加工业和有色金属冶炼及压延加工业 10 个行业列为相对污染行业，将其他行业列为相对清洁行业；二是根据技术类型将化学原料及化学制品制造业、医药制造业、化学纤维制造业、专用设备制造业、交通运输设备制造业、电气机械及器材制造业、通信设备、计算机及其他电子设备制造业和仪器仪表及文化办公用机械制造业 8 个行业列为高技术类行业，将余下 20 个行业列为中低技术类行业。从图 5 - 5 可以发现，不同分类行业的 GML 指数均值呈现明显差异，高技术类行业 GML 指数的均值最高，相对污染行业绿色技术创新 GML 指数的均值最小，说明我国制造业各行业的绿色技术创新效率存在因行业异质性的差异。制造业是经济增长的主要动力源泉，也为社会发展提供了物质基础。为此，制造业绿色发展直接关系到全社会的绿色发展。上述结果表明，优化行业结构，加快供给侧改革是提升制造业绿色创新能力的关键。

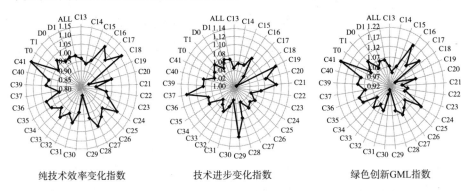

纯技术效率变化指数　　　　技术进步变化指数　　　　绿色创新GML指数

图 5 - 5　2003 ~ 2014 年各制造行业的绿色技术创新 GML 指数平均值及其分解

注：C13，…，C41 为各制造业的行业代码，与《国民经济行业分类与代码》（GB/T4754—2002）匹配；T0、T1 分别代表中低类技术行业、高技术类行业；D0、D1 分别代表相对污染行业、相对清洁行业、ALL 为全体样本。

3. 重点行业分析

考虑到不同制造行业之间绿色技术创新能力存在显著差异，接下来根据政府对行业创新的扶持力度、外商投资状况、行业经营环境、企业规模情况、行业结构特征等方面选取五个具有代表性的重点行业进行分析。图5－6是所有制造行业（C0）和木材加工及木竹藤棕草制品业（C20）、造纸及纸制品业（C22）、医药制造业（C27）、有色金属冶炼及压延加工业

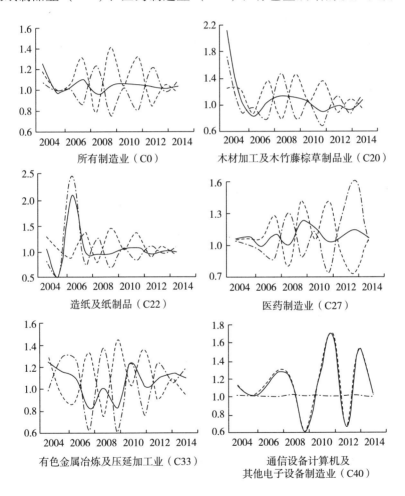

实线为绿色技术创新 GML 指数，断线为绿色技术效率指数、虚线为绿色技术进步指数

图 5－6　全部制造业及重点制造行业的绿色技术创新 GML 指数动态图

（C33）、通信设备计算机及其他电子设备制造业（C40）的绿色技术创新
GML 指数及其分解指数的动态变化图。

2003~2014 年，在医药制造业大中型企业 R&D 经费内部支出中政府
资金年均达 85.15 亿元，分别占其销售收入、经营成本的 1.34% 和 2%。
在 28 个制造行业中占比最高，这一方面体现了国家对民生产业的重视；
另一方面也给研究带来了契机。从医药制造业（C27）绿色技术创新 GML
指数来看，其绿色技术创新 GML 指数的均值为 1.08（大于全行业）且波
动上升；从其分解指数来看，绿色技术效率指数均值为 1.04，高于全行
业；绿色技术进步指数均值为 1.04，从其动态图来看技术效率与技术进步
交替上升，但总体上高于制造业的平均水平。

在我国，通信设备计算机及其他电子设备制造业（C40）吸引外资的
力度最大，2003~2014 年外商（含港澳台）固定资产投资（不含农户）
为 1285.67 亿元，约占固定投资总额的 55%。从其指数动态图来看，绿色
技术效率基本保持在一条水平线上，绿色技术进步与绿色技术创新 GML
指数几乎同步，波动幅度较大，但整体处于上升趋势，均值分别为 1.083、
1.084，高于平均水平。这一方面说明该行业的技术淘汰速度非常快，另
一方面说明我国采用市场换技术的战略在这个行业取得了显著成效。

造纸及纸制品业（C22）的附加值不高且环境破坏能力较强但投入较
大，所以该行业的融资问题时常会被金融行业所歧视，特别是各地对环境
的重视力度加大以后，这个行业的经营环境不断恶化。从指数分解来看，
虽然技术进步指数的均值为 1.067 略高于全行业，但是技术效率指数均值
仅为 0.956，导致其 GML 指数均值低于全行业的平均值。从动态图可以发
现，该行业的 GML 指数整体呈现下滑，且到 2011 年之后持续小于 1。

木材加工及木竹藤棕草制品业（C20）是典型的分散型行业，2003~
2014 年，大中型企业销售产值仅占规模以上企业的 26.79%，且整体呈下降
趋势。这一方面是作坊式生产方式的体现；另一方面也是由产业的原材料不
集中所造成的。从指数动态变化图可以发现，绿色技术进步虽有波动上升
态势，但其绿色技术效率整体下滑态势导致了 GML 指数呈现大幅下滑。

有色金属冶炼及压延加工业（C33）在我国制造行业中有着特殊的地位，因具备独特的资源优势，特别是近年来实施稀土出口配额政策以来，其销售产值在制造行业中正显著提升。从图5-6中可以发现，GML指数在2008年之后显著提升。

从以上五个制造行业的绿色技术创新GML指数及其分解指数来看，政府资助、外商投资、经营环境、企业规模和行业结构等因素是影响最大的行业，其绿色技术创新能力显著高于或者低于整体走势。从另一个角度可以认为，这5个因素对绿色技术创新能力具有一定的影响作用。

（四）小结

为了能够对近年来我国制造业两位数行业的绿色技术创新能力进行分析，本书构建了2003~2014年的28个制造业分行业的创新投入产出面板数据库，该数据库的构建过程为相关研究提供了一种可以参考的数据处理思路。

在此基础上，进一步采用SBM方向性距离函数和GML指数对2003~2014年中国制造业各行业的绿色技术创新GML指数进行测算，分析整体及各分类行业的变化情况，通过5个行业绿色技术创新GML指数的动态演变轨迹和面板数据估计来探讨影响绿色技术创新能力的因素。研究发现，2003~2014年，中国制造业绿色技术创新GML指数的均值增长为4.96%，整体上呈现先降后升的态势，2008年前总体呈增幅下降态势，2008~2014年呈稳步上升趋势；绿色技术进步是绿色技术创新GML指数增长的主要贡献来源，而绿色技术效率尽管出现上升趋势，但总体上仍然制约着绿色技术创新能力的提升；不同分类行业的绿色技术创新GML指数存在明显的差异，高技术类行业的均值最高，而相对污染行业均值最小。根据政府对行业创新的扶持力度、外商投资状况、行业经营环境、企业规模情况、行业结构特征等方面选取的木材加工及木竹藤棕草制品业（C20）、造纸及纸制品业（C22）、医药制造业（C27）、有色金属冶炼及压延加工业（C33）、通信设备计算机及其他电子设备制造业（C40）5个行业，通过其绿色技术创新 GML 指数的动态演变轨迹初步发现，这 5 个因素对绿色技术创新 GML 指数具有影响。

三、环境规制与绿色技术创新能力的实证检验

（一）环境规制强度测算

波特假说及其支持者认为良好的环境规制政策可以激励创新（Porter and Van der Linde，1995），但显然良好的环境规制不仅需要体现在行动上，还有一个强度问题。考虑到废气排放与固体废弃物的产生与能耗直接相关，本节选取单位工业增加值能耗、单位工业增加值废水排放量变化率代表环境规制强度，并采用孙学敏和王杰（2014）的方法计算综合指标，具体方法如下：

首先，运用极值处理法对各项指标进行标准化，即

$$UE_{ij}^s = \frac{UE_{ij} - \min(UE_j)}{\max(UE_j) - \min(UE_j)} \qquad (5-8)$$

式中，i 指行业（$i = 1，2，\cdots，28$），j 指各类污染物（$j = 1，2$），UE_{ij} 是原始值，$\max(UE_j)$、$\min(UE_{ij})$ 分别指 i 行业每年 j 类污染物的最大值和最小值，UE_{ij}^s 指的是标准化后的值，其取值在 $[0，1]$ 之间。

其次，计算各个指标的调整系数，即权重 w_{ij}，计算方法为：

$$w_{ij} = \frac{E_{ij}}{\sum E_{ij}} \div \frac{Y_i}{\sum Y_i} \qquad (5-9)$$

式中，w_{ij} 为 i 行业 j 类污染物的权重；E_{ij} 为 i 行业 j 类污染物的排放量；$\sum E_{ij}$ 为 28 个制造业 j 类污染物的排放总量；Y_i 为 i 行业的工业增加值；$\sum Y_i$ 为 28 种制造业工业增加值总和。计算出各污染物的权重之后，再计

算出研究期间调整系数的平均值 $\overline{w_{ij}}$。

最后，通过各项指标的标准化值和权重得到环境规制强度：

$$PER_i = \sum_{j=1}^{2} \overline{w_{ij}} \times UE_{ij}^s \tag{5-10}$$

（二）环境规制对绿色技术创新能力的作用机制分析

环境规制对绿色技术创新作用机制有两种：第一种是创新补偿效应。环境规制的实施激发企业进行生产和环保技术创新、升级，能够部分或者全部抵消企业因环境规制的实施而引致的环境成本，从而提高了企业的绿色技术创新能力；第二种是遵循成本效应。环境规制提高了企业的污染治理成本，这可能会对企业的研发投入产生挤出效应，进而不利于环保技术的创新和环境治理的改善，长期来看对绿色技术创新能力产生不利影响。这两种作用机制如图5-7所示。

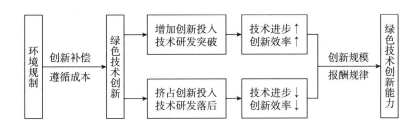

图 5-7　环境规制对绿色技术创新效率的作用机制

然而，尽管环境规制对绿色技术创新投入具有倒逼效应，但是创新投入与技术进步之间也存在非对称效应，甚至存在研发投入的索洛悖论现象（李静等，2017），Fernandes（2008）研究表明，研发投入与技术进步存在非一致性现象；张同斌（2014）的研究表明，随着研发投入的积累，中国高技术产业生产率增速逐渐下降，并且研发存量对全要素生产率增长呈现先减弱后增强的影响。由此可见，环境规制对绿色技术创新具有正负两方面影响，同时，创新投入与技术进步之间也存在非对称效应，所以环境规制对绿色技术创新能力提升相互影响存在不确定性，需要进一步通过实证进行检验。

（三）实证模型

在重点行业分析的基础上，构建如下实证模型：

$$gie_{i,t} = \alpha_0 + \alpha_1 rd_{i,t} + \alpha_2 fdi_{i,t} + \alpha_3 be_{i,t} + \alpha_4 es_{i,t} + \alpha_5 io_{i,t} + \alpha_6 er_{i,t} + \varepsilon_{i,t}$$

$$(5-11)$$

式中，i 代表行业，t 为时间，$gie_{i,t}$ 代表 i 行业 t 年绿色技术创新 GML 指数。其他变量分别为：rd 代表政府对行业的科技支持力度，选用各制造行业研发内部支出中政府资金与主营业务成本的比值衡量。政府对一个行业科技研发的支持力度越大，表明政府对该行业的重视程度越高，进而促进绿色技术创新能力的提升。fdi 代表外商投资力度，用当年外商（含港澳台）固定资产投资（不含农户）金额表示。已有文献的研究发现，对外开放会产生技术扩散效应，认为发展中国家可以吸纳发达国家的先进技术实现清洁和绿色生产。be 代表经营环境，利用财务成本与主营业务成本的比值表示。在我国，对行业的支持力度，一般会有不一样的金融政策，进而导致各行业的财务成本出现较大区别。企业的财务成本越低，会导致企业具有更高的创新积极性，进而提高绿色技术创新能力。es 表示企业规模，利用大中型企业销售产值与规模以上企业销售产值的比值来表示。技术研发一般发生在大中型企业，大中型企业比值越大，则创新能力越强。io 表示行业结构，用规模以上企业销售产值占制造业规模以上企业销售产值比值的变化率表示。一般来说，行业结构代表了行业的市场前景，进而影响了绿色技术创新能力。er 表示环境规制，考虑到废气排放与固体废弃物的产生与能耗直接相关，选取单位工业增加值能耗变化率、单位工业增加值废水排放量变化率，利用上述综合指标表示。

为了与测算的绿色技术创新 GML 指数进行匹配，本节选用 2004 ~ 2014 年中国制造业除了废弃资源和废旧材料回收加工业、工艺品及其他制造业 28 个制造行业的面板数据，并采用与上文一致的方法处理数据。

（四）实证结果

1. 数据平稳性检验

为了估计结果的有效性和尽可能避免伪回归问题，在设定模型和估计参数之前需要对面板数据进行平稳性检验。本书采用 LLC、IPS、ADF － Fisher 和 PP － Fisher 进行单位根检验，检验结果如表 5 － 1 所示。

表 5 － 1　面板数据单位根检验结果

变量	LLC	IPS	Fisher － ADF	Fisher － PP
gie	－ 11. 261 ***	－ 1. 213	86. 205 ***	72. 160 *
Δgie	－ 20. 489 ***	－ 10. 269 ***	206. 165 ***	238. 312 ***
rd	－ 37. 162 ***	－ 12. 118 ***	159. 070 ***	185. 827 ***
Δrd	－ 29. 430 ***	－ 13. 972 ***	233. 258 ***	372. 254 ***
fdi	－ 3. 798 ***	0. 568	51. 867	68. 258
Δfdi	－ 12. 783 ***	－ 7. 189 ***	162. 500 ***	171. 255 ***
be	－ 7. 055 ***	－ 3. 330 ***	98. 542 ***	126. 483 ***
Δbe	－ 16. 866 ***	－ 9. 216 ***	194. 363 ***	267. 998 ***
es	－ 4. 727 ***	－ 1. 734 **	69. 808	44. 002
Δes	－ 10. 357 ***	－ 5. 287 ***	125. 920 ***	147. 406 ***
io	－ 14. 831 ***	－ 8. 953 ***	173. 297 ***	228. 408 ***
Δio	－ 18. 957 ***	－ 11. 378 ***	234. 829 ***	401. 087 ***
er	－ 11. 044 ***	－ 6. 631 ***	141. 145 ***	159. 303 ***
Δer	－ 18. 959 ***	－ 12. 039 ***	246. 936 ***	352. 880 ***

注：***、**、* 分别表示估计值在1%、5%、10%的水平上显著。

由表 5 － 1 可见，rd、be、io 和 er 在没有进行一阶差分的情况下，四种单位根检验方法的结果均在 1% 的置信水平上显著，即不存在单位根，而 gie、fdi 和 es 序列存在单位根，这三个变量在经过一阶差分以后均在 1% 的水平上显著，即拒绝原假设，由此可见模型所有序列的差分序列是平稳序列，一阶差分检验均不含单位根，因而具有良好的平稳性。

2. 协整检验

单位根检验结果显示，模型的变量序列为一阶单整，因此有必要对数据进行协整检验以判断各个变量是否存在协整关系。本书采用 Kao 检验和 Pedroni 检验对面板数据进行检验，其结果如表 5 - 2 所示。

表 5 - 2   面板数据的协整检验结果

检验方法	检验假设	统计量名	统计量（P 值）	
Kao 检验	$H_0: \rho = 1$	ADF	4. 765（0. 000）	***
Pedroni 检验	$H_0: \rho = 1$	Panel v – Statistic	7. 024（0. 000）	***
		Panel rho – Statistic	7. 887（1. 000）	
	$H_1: (\rho_i = \rho) < 1$	Panel PP – Statistic	− 12. 272（0. 000）	***
		Panel ADF – Statistic	− 2. 082（0. 019）	**
	$H_0: \rho = 1$	Group rho – Statistic	9. 921（1. 000）	
	$H_1: (\rho_i = \rho) < 1$	Group PP – Statistic	− 16. 818（0. 000）	***
		Group ADF – Statistic	− 1. 697（0. 045）	**

注：***、**分别表示估计值在1%、5%的水平上显著。

由表 5 - 2 可见：Kao 检验的结果显示，面板数据的 Kao ADF 统计量在 1% 的置信水平上显著，表明面板数据的各个变量存在显著的协整关系。Pedroni 检验的结果显示，PP 和 ADF 检验统计量在 1% 和 5% 的统计水平上显著，即拒绝原假设。以上检验结果表明，面板数据通过了协整检验，各变量存在显著的协整关系。

3. 实证结果分析

常用的面板数据估计方法包括聚合最小二乘回归、固定效应和随机效应等，各种方法都有其特定的假设前提。为了得出较为稳健的结论，基于 Liu 等（2000）的思路，本书选用以下方法来选择最佳的估计方法：①利用 LM 检验比较采用混合回归和随机效应；②采用 F 检验对混合回归和固定效应进行检验；③运用 Hausman 检验判断固定效应和随机效应的结果哪种估计方法最优。

表 5 - 3　模型估计结果

解释变量	混合回归	随机效应	固定效应
rd	2.057	1.982 *	2.755 **
	(1.24)	(1.88)	(1.99)
fdi	- 0.000676	0.0590 **	0.113 ***
	(- 0.02)	(2.57)	(3.99)
be	- 0.382 **	- 0.474 ***	- 0.570 ***
	(- 2.11)	(- 3.84)	(- 3.84)
es	0.521	0.589	3.449 ***
	(0.70)	(0.98)	(2.76)
io	2.620 *	2.798 ***	2.499 ***
	(1.89)	(4.53)	(3.94)
er	- 0.00320	0.0550	0.0794
	(- 0.07)	(1.16)	(1.55)
C	- 0.957	- 1.257	- 2.711 ***
	(- 0.64)	(- 1.61)	(- 2.85)
检验统计量	LM 检验：142.60 [0.0000]　　F 检验：7.48 [0.0000]　　Hausman 检验：17.03 [0.017]		

注：*** 、** 、* 分别表示估计值在 1% 、5% 、10% 的水平上显着；小括号内的数值为稳健标准误下的 t 统计量，中括号内的数值为 P 值。

表 5 - 3 的检验统计量表明：LM 检验的 P 值为 0.0000，强烈拒绝不存在个体随机效应的原假设；F 检验的 P 值为 0.0000，故强烈拒绝接受混合回归的原假设；Hausman 检验的 P 值为 0.017，在 5% 的水平下拒绝采用随机效应模型的原假设。因此，对模型的评价应选择固定效应模型的估计结果。从表 5 - 3 的固定效应模型估计结果可以发现：

第一，政府支持的回归系数为 2.775，且在 1% 的水平上显著，表明政府提高一个行业的科技研发资助有助于绿色技术创新能力的提升。政府资助可以有效降低绿色技术创新活动中企业的创新成本及风险，能够激发创新主体的积极性，进而提高行业的绿色技术创新能力。

第二，外商投资的回归系数为0.113，并在1%的显著水平上显著，表明提高对外开放水平有助于提升绿色技术创新能力。对外开放不仅能够带来资金，也可以引进技术，特别是制造行业的技术引进能够显著拉升绿色技术创新能力。

第三，经营环境的回归系数为 -0.570，也在1%的显著水平上显著，表明财务成本的提高会抑制行业的绿色技术创新能力。制造业的融资难问题是中国金融业的服务困境，制造业的财务成本提高不仅会提高企业经营成本，也会增加企业的经营风险，进而导致企业无力创新，抑制其绿色技术创新能力的提升。为此，落实金融服务实体经济的原则不仅有助于金融业有序发展，而且有助于提升制造业的绿色技术创新能力，推进社会经济的可持续发展。

第四，企业规模的回归系数为3.449，且在1%的水平上显著，说明提高制造业的企业规模有助于提升绿色技术创新能力。较大规模的制造企业具有更加雄厚的资金实力投入绿色技术的研发，进而提升行业的绿色技术创新能力。

第五，行业结构的回归系数为2.499，亦在1%的水平上显著，说明中国制造业的绿色技术创新能力具有正向的结构效应。中国制造企业正面临着越来越严格的环境规制，政府也在政策上倾斜于相对清洁和高技术行业，环境规制和政府政策的双重性导致行业的结构效应更加显著，也说明我国对制造业的行业结构调整取得了一定的成效。

第六，环境规制的回归系数为0.0794，但稳健标准误下的 t 统计量为1.55，在统计上只是放宽至15%约束下显著。在我国，针对制造业的环境政策基本上以节能减排为导向，环境规制的目标是使环境损失与产业绩效在此消彼长中实现均衡，这一结论也从另一个视角验证了环境规制对绿色技术创新能力的创新补偿效应和遵循成本效应具有正负两方面的影响。

（五）小结

本节从作用机制和面板模型两个角度分析了环境规制与绿色技术创新

能力的关系。从环境规制与绿色技术创新能力的作用机制来看，创新补偿效应和遵循成本效应在不同规制强度下分别对绿色技术创新能力有拉动与抑制作用。进一步地，本书构建了一个面板模型，在数据平稳性检验和协整检验的基础上，通过 LM 检验、F 检验和 Hausman 检验确定最终估计模型，结果显示：政府资助增加、外商投资加大、经营环境优化、企业规模扩大和行业结构提升对制造业绿色技术创新能力提升具有显著效果；同时，虽然环境规制与绿色技术创新能力具有正向影响，但统计上并不显著。

随着新一轮科技革命和产业变革的兴起，中国制造业不仅面临着国内资源环境压力，而且还面临发达国家制造业升级和国际新兴经济体崛起的双重挑战。因此，大力提升绿色技术创新能力是实现"中国制造2025"的重要突破口。基于上述结论，本书提出以下几点建议：

第一，激发技术进步动力，助推技术效率提升。完善企业绿色技术创新评价体系，以绿色技术创新提升中国制造业产品质量、缓解资源环境压力，打造具有国际竞争力的"中国智造"品牌。一方面，继续鼓励各行业的绿色技术进步，以技术进步激发制造业活力，以技术进步带动制造业转型升级；另一方面，应完善激励机制，加强基础性研发，强化产学研结合，促进技术进步的成果转换，以成果转换提升产能利用率，进而提升绿色技术创新效率，推动中国制造业提质增效。

第二，提速高新产业发展，促进产业结构优化。从产业结构来看，一是要加快高新技术产业的发展，提高各产业的科技水平；二是创新绿色生产方式，发展清洁产业，缩小污染排放相对较高的行业比重；三是要加强对污染排放较高行业的环境治理力度、提高环境标准。

第三，加大科技研发投入，提高原创技术能力。相对于美日韩等发达国家，我国政府对技术创新的支持力度仍处于较低水平，尤其是对绿色技术、清洁技术的支持力度偏弱。我国应通过补贴、配额等多种手段加大对企业绿色技术创新的支持力度，积极推动绿色技术与经济发展相结合，为制造业打造汇聚产业智慧与前沿绿色技术平台提供资金支持，推动中国制造业从"拷贝"式发展向自主创新式发展。

第四，落实金融服务体系，改善企业融资环境。一方面，紧紧围绕供给侧结构性改革的要求，加大政银企对接力度，聚焦发力对制造业企业的信贷支持，积极发展适合制造业绿色创新发展的绿色金融产品，把金融服务实体经济落到实处；另一方面，应进一步放开金融体系，着力拓宽制造业企业多元化融资渠道，切实改善企业融资环境。

第五，丰富环境规制工具，深化环境规制改革。针对当前面临的资源与环境压力，在完善现有命令—控制型环境规制的基础上，应不断完善排污权交易、环境税收、配额等市场激励型环境规制，丰富环境规制工具类型，进而减少环境规制对制造业绿色创新的成本效应、降低绿色创新的经营风险，有效推进制造业绿色创新能力的提升。

四、环境规制对绿色技术创新能力的门槛效应

上一节从作用机制和面板数据模型分析了环境规制对绿色技术创新能力的影响：从作用机制来看，创新补偿效应和遵循成本效应在不同规制强度下分别对绿色技术创新能力有拉动与抑制作用；从面板模型的实证结果来看，虽然提高规制强度能拉动绿色创新能力，但统计上只是在放宽至15%约束下显著。为此，我们不禁提出疑问：环境规制强度与绿色创新能力之间，是不是在一定区间内才能发挥作用，即是否存在门槛效应？如果存在的话，在我国以节能减排为导向的环境政策方面是否存在差异？基于以上考虑，下面利用中国制造业的行业数据，进一步考察环境规制对绿色技术创新能力的门槛效应。

（一）门槛模型设定

环境规制强度对绿色技术创新能力的影响存在两种完全相反的作用：创新补偿效应和遵循成本效应，进而导致环境规制与绿色技术创新能力之间的函数关系式出现若干个断点，这些断点也就是门槛。在不同的门槛之间，环境规制对绿色技术创新能力的影响关系存在差异。已有的文献表明，对于门槛效应的检验方法主要有两种：分组检验（Girma et al.，2001）和交叉项模型检验（Kinoshita，2007）。这两种方法各有利弊，具体来说，前者是选择割点将样本分组，但该方法存在两点不足：一是样本分组缺乏客观的标准，二是无法对不同的回归结果进行显著性检验；后者通过建立包含交叉项的线性模型来研究各个变量之间的相互作用，但不足是难以确定交叉项的形式，且无法解决回归结果的显著性检验问题。Hansen（1999）开拓性地提出了面板数据门槛回归模型，该模型是将门槛变量作为一个未知变量，纳入到回归模型中并建立分段函数，进一步估计和检验各个门槛值及门槛效应。门槛面板模型无须给定非线性方程的形式且门槛值数目由样本数量内生决定，为此可以较好地避免人为主观划分带来的偏误。根据环境规制对绿色技术创新能力影响的特点，在 Hansen（1999）研究的基础上，构建以下门槛模型：

1. 环境规制对绿色技术创新能力的门槛模型

首先，在式（5－11）的基础上，以环境规制为门槛变量，分析环境规制对绿色技术创新能力（GML 指数）的门槛效应，构建单一门槛模型：

$$gie_{i,t} = \delta_0 + \alpha_1 rd_{i,t} + \alpha_2 fdi_{i,t} + \alpha_3 be_{i,t} + \alpha_4 es_{i,t} + \alpha_5 io_{i,t} + \beta_1 er_{i,t} \times$$
$$I(er_{i,t} \leqslant \gamma_1) + \beta_2 er_{i,t} \times I(er_{i,t} > \gamma_1) + \varepsilon_{i,t} \qquad (5-12)$$

式中，γ 为未知门槛，$\varepsilon_{i,t}$ 为随机扰动项，$I(\cdot)$ 为指标函数，等价于下列分段函数：

$$gie_{i,t} = \begin{cases} \delta_0 + \alpha_1 rd_{i,t} + \alpha_2 fdi_{i,t} + \alpha_3 be_{i,t} + \alpha_4 es_{i,t} + \alpha_5 io_{i,t} + er_{i,t}, & er_{i,t} \leqslant \gamma_1 \\ \delta_0 + \alpha_1 rd_{i,t} + \alpha_2 fdi_{i,t} + \alpha_3 be_{i,t} + \alpha_4 es_{i,t} + \alpha_5 io_{i,t} + er_{i,t}, & er_{i,t} > \gamma_1 \end{cases}$$

$$(5-13)$$

其次，基于门槛效应的检验结果，进一步构建多重门槛模型：

$$gie_{i,t} = \delta_0 + \alpha_1 rd_{i,t} + \alpha_2 fdi_{i,t} + \alpha_3 be_{i,t} + \alpha_4 es_{i,t} + \alpha_5 io_{i,t} + \beta_1 er_{i,t} \times I(er_{i,t} \leqslant \gamma_1)$$
$$+ \beta_2 er_{i,t} \times I(\gamma_1 < er_{i,t} \leqslant \gamma_2) + \cdots + \beta_n er_{i,t} \times I(er_{i,t} > \gamma_n) + \varepsilon_{i,t}$$

$$(5-14)$$

进一步地，参照式（5-12）和式（5-14），分别构建环境规制对绿色技术进步指数、绿色技术纯技术效率的单一门槛模型：

$$gte_{i,t} = \delta_0 + \alpha_1 rd_{i,t} + \alpha_2 fdi_{i,t} + \alpha_3 be_{i,t} + \alpha_4 es_{i,t} + \alpha_5 io_{i,t} + \beta_1 er_{i,t} \times I(er_{i,t} \leqslant \gamma_1)$$
$$+ \beta_2 er_{i,t} \times I(er_{i,t} > \gamma_1) + \varepsilon_{i,t} \qquad (5-15)$$

$$gee_{i,t} = \delta_0 + \alpha_1 rd_{i,t} + \alpha_2 fdi_{i,t} + \alpha_3 be_{i,t} + \alpha_4 es_{i,t} + \alpha_5 io_{i,t} + \beta_1 er_{i,t} \times I(er_{i,t} \leqslant$$
$$\gamma_1) + \beta_2 er_{i,t} \times I(er_{i,t} > \gamma_1) + \varepsilon_{i,t} \qquad (5-16)$$

或者，基于门槛效应的检验结果，建立多重门槛效应模型：

$$gte_{i,t} = \delta_0 + \alpha_1 rd_{i,t} + \alpha_2 fdi_{i,t} + \alpha_3 be_{i,t} + \alpha_4 es_{i,t} + \alpha_5 io_{i,t} + \beta_1 er_{i,t} \times I(er_{i,t} \leqslant \gamma_1)$$
$$+ \beta_2 er_{i,t} \times I(\gamma_1 < er_{i,t} \leqslant \gamma_2) + \cdots + \beta_n er_{i,t} \times I(er_{i,t} > \gamma_n) + \varepsilon_{i,t}$$

$$(5-17)$$

$$gee_{i,t} = \delta_0 + \alpha_1 rd_{i,t} + \alpha_2 fdi_{i,t} + \alpha_3 be_{i,t} + \alpha_4 es_{i,t} + \alpha_5 io_{i,t} + \beta_1 er_{i,t} \times I(er_{i,t} \leqslant$$
$$\gamma_1) + \beta_2 er_{i,t} \times I(\gamma_1 < er_{i,t} \leqslant \gamma_2) + \cdots + \beta_n er_{i,t} \times I(er_{i,t} > \gamma_n) + \varepsilon_{i,t}$$

$$(5-18)$$

在式（5-15）和式（5-17）中，$gte_{i,t}$ 代表 i 行业 t 年绿色技术进步指数；式（5-16）和式（5-18）中，$gee_{i,t}$ 代表 i 行业 t 年绿色技术创新纯技术效率。

2. 门槛模型的估计与检验方法

借鉴 Hansen（1999）和 Bai（1997）的模型估计以及检验方法，本书在进行门槛面板回归分析时，主要方法包含以下几个部分。

（1）估计门槛值及其系数。首先，从单一门槛模型中取得临时门槛值 γ^*。若任意赋一个初始值 γ_0，通过 OLS 估计得到其残差平方和 $S_1(\gamma_0)$，当 γ 按照从小到大依次取值时即可以得到不同的 $S_1(\gamma)$，而取门槛值 γ^* 时，其残差平方和 $S_1(\gamma)$ 最小，即 $\gamma^* = \text{argmin}S_1(\gamma)$。然而在实际应用中，由于数据计算工作量较大，为了提高估计精度，门槛值的估计通常采用格栅搜索法（Grid Search），一旦确定了门槛回归中的门槛值，就可以通过 OLS 估计出斜率 $\eta(\gamma^*)$。其次，将取得的临时门槛值 γ^* 代回，按照上述方法，γ^* 开始从小到大依次进行取值，得到使得残差平方和 $S_2(\gamma_2)$ 最小的门槛值 γ_2，即 $\gamma_2 = \mathrm{argmin}S_2(\gamma^*, \gamma_2)$，此时的门槛值 γ_2 是渐进有效的。最后，将得到的门槛值 γ_2 重新代回，将得到最终的门槛值 γ_1，即 $\gamma_1 = \mathrm{argmin}S_3(\gamma_1, \gamma_2)$。

（2）检验门槛效应的显著性。其目的是检验以门槛值为界限的样本组的模型估计参数之间是否有显著的差异（董直庆和焦庆红，2015）。以单一门槛为例，不存在门槛值的原假设：$H_0: \gamma_1 = \gamma_2$，备选假设：$H_1: \gamma_1 \neq \gamma_2$，则构建 LM 检验统计量：$F_1 = (S_0 - S_1(\hat{\gamma}))/\hat{\sigma}^2$，其中 $\hat{\sigma}^2 = S_1/[n(T-1)]$，$S_0$ 表示不存在门槛时的 OLS 残差平方和，$S_1(\hat{\gamma})$ 表示存在门槛时的 OLS 残差平方和，$\hat{\sigma}^2$ 为门槛估计残差的方差。如果不拒绝原假设，则不存在门槛效应，反之则存在门槛效应；当第一个门槛值确定以后，搜寻并检验是否存在第二个门槛值，并在此基础上继续搜寻多重门槛，直至无法拒绝原假设为止。

（3）检验门槛值是否等于真实值。真实性检验的目的在于进一步确定门槛值的置信区间，门槛面板模型采用极大似然估计法对其真实性进行检验。原假设为 $H_0: \gamma = \gamma_0$，则检验似然比统计量可以构建为：$LR_n(\gamma) = n(S_n(\gamma) - S_n(\hat{\gamma}))/S_n(\hat{\gamma})$，其中，$LR_n(\gamma)$ 是非标准正态分布的，在 α 的显著性水平上，如果 $LR_n(\gamma) \leqslant c(\alpha) = -2\log(1 - \sqrt{1-\alpha})$，则不能拒绝原假设，即得到的门槛值是真实的。其中，由 Hansen（1999）提出的判定门槛效应显著性的临界值可知，在 10%、5% 和 1% 的显著性水平上，$c(a)$ 分别为 6.53、7.35 和 10.59。

（二）环境规制对绿色技术创新能力的门槛效应

1. 基于 GML 指数的门槛特征

参照连玉君和程建（2006）的做法，本书采用以下步骤进行面板门槛模型估计和检验：首先，确定环境规制的门槛个数。根据面板门槛模型的原理以及原假设，依次针对不存在门槛值、存在一个门槛值或多个门槛的原假设进行检验，得到 F 统计量，采用自抽样法（Bootstrap）得出 P 值，结果如表 5 - 4 所示。

表 5 - 4　门槛效果检验

模型	F 值	P 值	临界值（%）		
			1	5	10
单一门槛	12. 732 ***	0. 000	9. 031	5. 018	4. 223
双重门槛	3. 575 *	0. 090	7. 740	4. 480	3. 256
三重门槛	2. 741	0. 140	7. 022	5. 039	3. 903

注：BS 次数借鉴王惠等（2016）的做法，采用反复抽样 100 次；*** 、** 、* 分别表示估计值在 1% 、5% 、10% 的水平上显著。

从表 5 - 4 中可以发现，单一门槛和双重门槛效果的效果显著，相应的自抽样 P 值分别为 0. 000 和 0. 090，分别在 1% 和 10% 显著性水平下显著，而三重门槛效果并不显著，自抽样 P 值为 0. 14。因此，下面将基于双重门槛模型进行分析。

其次，确定门槛的估计值以及构造门槛值的置信区间，判定门槛值的真实性。利用最小二乘法的似然比统计量 LR 识别门槛值，图 5 - 8 和图 5 - 9 分别为两个门槛估计值的似然比函数图。

两个门槛的估计值及相应的 95% 置信区间如表 5 - 5 所示，结合图 5 - 8 和图 5 - 9 可以看出两个门槛估计值 γ_1、γ_2 的 95% 置信区间分别为 [0. 042，0. 259] 和 [0. 121，0. 398]，LR 值均小于 5% 显著水平下的临界值 7. 35（对应图中的虚线）γ 构成的区间。

上述结果表明，环境规制强度对绿色技术创新能力的影响呈非线性关系，依据这两个门槛值将我国各行业规制强度分为较低规制强度（$er \leqslant$ 0. 057）、中等规制强度（0. 057 < $er \leqslant$ 0. 124）和较高规制强度（$er >$ 0. 124）三个区间。表 5 - 6 以 2014 年为例展示各区间的行业。

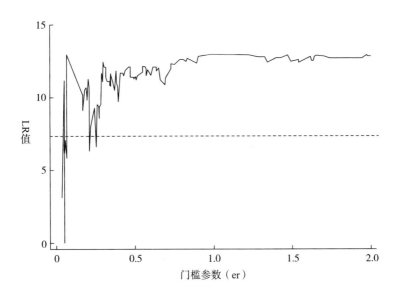

图 5 – 8　第一门槛值估计值与置信区间

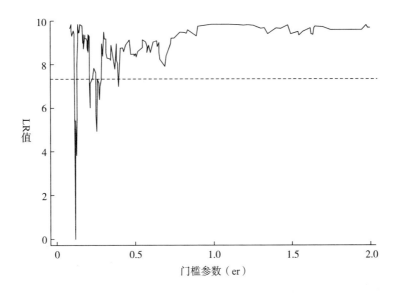

图 5 – 9　第二门槛值估计值与置信区间

表5-5　门槛值估计结果

检　验	估计值	95% 的置信区间
门槛值 γ_1	0.057	[0.042, 0.259]
门槛值 γ_2	0.124	[0.121, 0.398]

由表5-6可以发现：①较低规制强度的行业有4个，分别是烟草制品业、家具制造业、通信设备计算机及其他电子设备制造业、仪器仪表及文化办公用机械制造业；②中等规制强度的行业有6个，分别为纺织服装鞋帽制造业、印刷业和记录媒介的复制、文教体育用品制造业、专用设备制造业、交通运输设备制造业、电气机械及器材制造业；③其余18个行业均为较高规制强度行业。

表5-6　处于门槛区间的行业情况

规制强度	门槛值区间	行业
较低强度	$er \leqslant 0.057$	C16、C21、C40、C41
中等强度	$0.057 < er \leqslant 0.124$	C18、C23、C24、C36、C37、C39
较高强度	$er > 0.124$	C13、C14、C15、C17、C19、C20、C22、C25、C26、C27、C28、C29、C30、C31、C32、C33、C34、C35

注：C13，…，C41 为各制造业的行业代码，与《国民经济行业分类与代码》（GB/T4754—2002）匹配。

最后，基于固定效应对双重门槛模型的参数进行估计，结果如表5-7所示。

表5-7　门槛模型的参数估计结果

被解释变量：gie	系数估计值	标准差	t 值
rd	2.274	0.105	1.63

被解释变量：gie	系数估计值	标准差	t 值
fdi	0.0948***	0.001	3.28
be	-0.597***	0.000	-4.04
es	3.454***	0.005	2.80
io	2.390***	0.000	3.82
er（er≤0.057）	10.17***	0.009	2.62
er（0.057<er≤0.124）	3.056*	0.084	1.78
er（er>0.124）	-2.971*	0.076	-1.74

注：***、**、*分别表示估计值在1%、5%、10%的水平上显著。

从表5-7的估计结果来看，政府资助、外商投资、经营环境、企业规模和行业结构5个影响因素与表5-3的结果基本一致。从环境规制为门槛而言，从表中可以发现：①门槛效应的估计结果显示，三个区间的环境规制对绿色创新能力均有显著影响，从估计系数看，环境规制对绿色创新能力影响存在倒U形关系；②当行业的规制强度位于第一区间时，估计系数为10.17，且在1%的显著水平上显著，表明在这一区间提升环境规制强度对绿色技术创新能力有显著促进作用；③当规制强度跨越第一区间后，估计系数为3.056，并在10%的显著水平上显著，表明在此区间提升环境规制强度仍然能提升绿色技术创新能力，但作用系数明显低于第一区间；④当环境规制强度跨越第二门槛时，估计系数为-2.971，并在10%的水平上显著，说明该区间加强环境规制会抑制绿色技术创新能力，也进一步说明环境规制对绿色技术创新能力的影响并非单调递增（减），而是存在一个拐点。

环境规制强度与绿色创新能力之间存在非线性关系，规制强度处于第一和第二区间时，提升规制强度有助于促进绿色技术创新能力。在这两个区间可能创新补偿效应明显大于遵循成本效应，进而提高环境规制强度能够激发企业的绿色创新动力，显著地提升了绿色创新能力。

当环境规制跨越第二个门槛值，环境规制强度对绿色创新能力发挥显著的负向作用。这一区间可能遵循成本效应明显大于创新补偿效应，导致这一结果的原因可能是环境规制提高了企业的污染治理成本，进而抑制企业生产，也可能减排目标导致企业的生产成本直接上升，还可能因为受规制影响而导致投入价格上涨，进而对绿色技术创新产生挤出效应。

2. 基于指数分解的门槛特征

为进一步分析环境规制对制造业绿色创新能力影响的规律，下面采用相同方法分别就环境规制对绿色技术进步指数、绿色技术创新纯技术效率的门槛模型进行估计。表5-8、表5-9和表5-10分别报告了门槛效果检验、门槛值估计结果和门槛模型的参数估计结果。

表5-8　门槛效果检验

被解释变量	模型	F 值	P 值	临界值（％）		
				1	5	10
gte	单一门槛	9.809**	0.020	15.495	8.094	5.883
	双重门槛	4.597*	0.080	10.341	6.025	4.399
	三重门槛	2.318	0.170	6.501	4.685	2.966
gee	单一门槛	16.879***	0.000	9.241	4.666	3.451
	双重门槛	5.383**	0.030	6.424	4.383	3.194
	三重门槛	5.453*	0.080	10.243	6.370	4.972

注：BS 次数借鉴王惠等（2016）的做法，采用反复抽样100次；***、**、*分别表示估计值在1％、5％、10％的水平上显著。

从表5-8可以发现：就环境规制对绿色技术进步而言，单一门槛和双重门槛效果的效果显著，相应的自抽样 P 值分别为0.020和0.080，分别在5％和10％显著性水平下显著；而三重门槛效果并不显著，自抽样 P 值为0.170。就被解释变量为绿色技术创新效率而言，单一门槛、双重门槛和三重门槛模型效应分别在1％、5％和10％的水平上显著。下面选择双重门槛分别对上述两个模型进行讨论。

表 5 - 9 门槛值估计结果

被解释变量	检 验	估计值	95% 的置信区间
gte	门槛值 γ_1	0.045	[0.042, 1.997]
	门槛值 γ_2	0.111	[0.087, 1.997]
gee	门槛值 γ_1	0.048	[0.042, 0.695]
	门槛值 γ_2	0.259	[0.076, 1.997]

表 5 - 9 的结果显示，被解释变量不论是绿色技术进步指数还是绿色技术创新纯技术效率，两个门槛估计值 γ_1、γ_2 的 LR 值均小于 5% 显著水平下的临界值。

表 5 - 10 门槛模型的参数估计结果

被解释变量：gte	模型（1）	被解释变量：gee	模型（2）
rd	- 1.164 （- 1.32）	rd	1.992 ** （2.58）
fdi	0.151 *** （7.98）	fdi	- 0.00697 （- 0.42）
be	- 0.533 *** （- 5.55）	be	0.0763 （0.91）
es	1.653 ** （2.06）	es	3.216 *** （4.59）
io	- 0.0858 （- 0.21）	io	1.534 *** （4.32）
er（er ≤ 0.045）	- 8.128 ** （- 2.35）	er（er ≤ 0.048）	11.22 *** （3.71）
er（0.045 < er ≤ 0.011）	3.414 *** （2.62）	er（0.048 < er ≤ 0.259）	- 0.553 （- 0.49）
er（er > 0.111）	- 3.403 *** （- 2.62）	er（er > 0.259）	0.591 （0.52）

注：***、**、* 分别表示估计值在 1%、5%、10% 的水平上显著。

从表 5 - 10 的门槛效应的估计结果来看，环境规制对绿色技术进步指数、绿色技术创新纯技术效率的影响存在显著差异：

首先，就环境规制对绿色技术进步指数而言，从表中模型（1）可以发现：①当行业的规制强度位于第一区间时，估计系数为 - 8.128，且在 1% 的显著水平上显著，表明在此区间提升环境规制强度对绿色技术进步指数有显著抑制作用；②当规制强度跨越第一区间后，估计系数为 3.414，并在 1% 的显著水平上显著，表明在这区间提升环境规制强度能显著提升绿色技术进步指数；③当环境规制强度跨越第二门槛时，估计系数为 - 3.403，并在 1% 的水平上显著，说明该区间加强环境规制也会抑制绿色技术进步。上述结果表明，环境规制对绿色技术进步指数的影响并非单调递增（减），而是存在一个显著的倒 N 形关系。

其次，就环境规制与绿色技术创新纯技术效率来说，从表中模型（2）可以发现：①当行业的规制强度位于第一区间时，估计系数为 11.22，且在 1% 的显著水平上显著，表明在这一区间提升环境规制强度对绿色技术创新纯技术效率有显著的促进作用；②当规制强度跨越第一区间后，估计系数为 - 0.553，但统计上并不显著；③当环境规制强度跨越第二门槛时，估计系数为 0.591，也在统计上不显著。上述结果表明，当环境规制在第一区间时，提高环境强度能显著提升绿色技术创新纯技术效率，但是跨越第一个门槛后，提高环境规制强度，对绿色技术创新纯技术效率的作用并不显著了。

最后，对比模型（1）和模型（2）的门槛估计结果，可以发现：①当环境规制强度较低时，两个模型的门槛值很接近，且与表 5 - 7 也基本接近。从估计的系数来看，尽管模型（1）的系数为负，但模型（1）的估计值低于模型（2）的估计值，就会导致表 5 - 7 的系数显著为正。这一结果表明，当规制强度较低时，环境规制强度提升主要通过提升绿色技术创新纯技术效率来提升绿色技术创新能力。②当规制强度介于第一门槛与第二个门槛时，两个模型的门槛值出现一定分歧，但是模型（1）的门槛值与表 5 - 7 基本接近。从估计系数来看，模型（1）显著为正，模型（2）为负但统计上并不显著。这一结果表明，当规制强度在中等强度时，环境规制主要通过作用于绿色技术进步来影响绿色技术创新能力。③当规制强度跨越第二个门槛值时，模型（1）的区间取值与表5-7基本一致，但与模型（2）的起点数值有所差异。从估计系数来看，模型（1）显著为负，模型（2）为正但统计上不显著。这一结果表明，当规制强度较高时，环境规制强度会阻碍绿色技术进步指数进而抑制绿色技术创新能力提升。

通过以上对比分析可以发现，当规制强度较低时，尽管能提升绿色技术创新能力，但是这种促进作用主要是依靠纯技术效率提高来实现的；当规制强度中等时，提高环境规制强度能通过促进绿色技术进步进而提升绿色创新能力；而在较高环境规制强度阶段，提高环境规制强度会通过阻碍绿色技术进步进而抑制绿色技术创新能力提升。这个结果表明，就提升绿色创新能力而言，不是高强度的环境规制就是合适的，当然过低的环境规制强度也不是有效的，而中等规制强度是最优的。

（三）小结

为了进一步考察环境规制与绿色技术创新能力之间可能存在的非线性关系，本节利用非线性门槛模型，将环境规制作为门槛变量进行分析。基于GML指数的分析发现，当规制强度跨越限定的门槛值，环境规制对绿色技术创新能力产生的影响存在显著差异，总体来说，随着规制强度由中等强度跨越到较高强度后，环境规制对绿色创新能力的作用方向由正变负。基于指数分解来看：环境规制对绿色技术进步指数影响存在显著的倒N形关系；只有在较低规制强度区间，环境规制对绿色技术创新纯技术效率显著为正；通过对比分析发现，规制强度在中等区间对绿色创新能力的促进作用最优。

根据本书的研究结论，基于中国环境规制政策与绿色技术创新的发展现实，对提升我国环境规制质量、提高中国制造业绿色技术创新能力提出以下建议：

第一，鼓励自主创新能力，促进绿色技术进步。尽管我国是制造业大国，但不是制造业强国，制造企业的自主创新能力较弱，特别是在关键领域的核心技术创新方面，与发达国家相比尚存在较大差距。政府应通过对企业绿色投入研发的减税鼓励，有限财政科技经费鼓励和支持绿色技术研发，提高企业绿色研发经费的产出效率，提升制造企业的绿色技术创新动力和能力，进而提升我国整体的绿色技术创新能力。

第二，合理制定规制强度，提升环境规制质量。一方面，应不断完善排污权交易、环境税收、配额等市场激励型环境规制，丰富环境规制工具类型；另一方面，建立健全环境规制质量评价体系，根据经济社会发展合理制定规制强度，有效降低环境规制对制造业绿色技术创新的成本效应，进而提升制造业的绿色创新能力。

第三，加强人才队伍建设，构建合理人才梯队。绿色技术的创新，归根结底在于人才的培养，必须毫不动摇地坚持人才强国战略，加快构建绿色技术工人、管理人员、研发人员等在内的人才梯队，建立以人才梯队资源库为中心，人才区分机制、培养机制、选拔机制和发展激励机制为重要内容的人才体系，进而为绿色科技成果的转化提供不竭的动力。

第四，优化绿色创新环境，激发技术创新动力。政府一方面要出台行之有效的创新扶持细则，加强税收减免优惠，完善知识产权保护，鼓励创新质量提升等；另一方面要优化管理机制，简化行政审批，转变政府职能等。

第五，开展绿色科技招商，促进技术转移转化。一方面，加强与美国、欧盟、日韩等先进国家与地区的合作交流，实现"引资引智"与"转化投产"双同步，构建技术转移长效合作机制，加速国际绿色创新技术资源集聚。另一方面，通过以大型企业集团为主导，切实推进科技成果内部转化；以中小企业为依托，切实推进绿色科技成果外部转化；以科技团队自主创业为载体，探索绿色科技成果转化新模式。

五、本章小结

本章以制造业为切入点，考察了环境规制对中国绿色技术创新能力的影响。首先，分析了制造业在国民经济中的地位，中国制造业面临的资源环境压力；其次，构建了2003~2014年的28个制造业分行业的创新投入产出面板数据库，采用SBM方向性距离函数和GML指数对2003~2014年中国制造业各行业的绿色技术创新GML指数进行测算，并进一步分析了整体及各分类行业的变化情况；再次，从作用机制和面板模型两个角度分析了环境规制与绿色技术创新能力的关系；最后，利用非线性门槛模型考察了环境规制与绿色技术创新能力之间可能存在的非线性关系。研究发现：

第一，2003~2014年，中国制造业绿色技术创新GML指数的均值增长4.96%，整体上呈现先降后升的态势，2008年之前总体呈增幅下降态势，2008~2014年呈稳步上升趋势；绿色技术进步是绿色技术创新GML指数增长的主要贡献来源，而绿色技术效率尽管出现上升趋势但总体上仍然制约着绿色技术创新能力的提升；不同分类行业的绿色技术创新GML指数存在明显的差异，高技术类行业的均值最高，而相对污染行业均值最小。根据政府对行业创新的扶持力度、外商投资状况、行业经营环境、企业规模情况、行业结构特征等方面选取的木材加工及木竹藤棕草制品业（C20）、造纸及纸制品业（C22）、医药制造业（C27）、有色金属冶炼及压延加工业（C33）、通信设备计算机及其他电子设备制造业（C40）5个行业，通过其绿色技术创新GML指数的动态演变轨迹初步发现，这5个因素对绿色技术创新GML指数具有影响力。

第二，从环境规制与绿色技术创新能力的作用机制来看，创新补偿效应和遵循成本效应在不同规制强度下分别对绿色技术创新能力有拉动与抑制作用。基于面板模型的实证分析，发现政府资助增加、外商投资加大、经营环境优化、企业规模扩大和行业结构提升对制造业绿色技术创新能力提升具有显著效果；同时也发现，虽然环境规制与绿色技术创新能力具有正向影响，但统计上并不显著。

第三，基于门槛模型的实证研究发现，从绿色技术创新 GML 指数来看，随着规制强度由中等强度跨越到较高强度后，环境规制对绿色创新能力的作用方向由正变负。基于指数分解来看：环境规制对绿色技术进步指数影响存在显著的倒 N 形关系；只有在较低规制强度区间，环境规制对绿色技术创新纯技术效率显著为正；通过对比分析发现，规制强度在中等区间，对绿色创新能力的促进作用是最优的。

根据上述研究结果，环境规制对绿色技术创新能力存在显著的影响关系，但这种影响关系随着强度变化而变化，两者之间呈非线性关系。基于中国环境规制政策与绿色技术创新能力的发展现实，结合研究结论，就提高环境规制质量促进绿色技术创新能力，我们提出以下几点建议：

第一，优化环境规制强度，提升环境规制质量。一方面，应根据经济社会发展状况，合理制定节能减排目标，优化环境规制强度，有效降低环境规制对制造业绿色技术创新的成本效应，提高环境规制促进绿色技术创新能力的效率；另一方面，需要建立健全环境规制评价体系，优化环境规制质量评价办法，切实提高环境规制质量，进而提升全社会的绿色技术创新能力。

第二，鼓励绿色技术进步，助推技术效率提升。完善企业绿色技术创新评价体系，以绿色技术创新提升中国制造业产品质量、缓解资源环境压力，打造具有国际竞争力的"中国智造"品牌。一方面，继续鼓励各行业的绿色技术进步，以技术进步激发制造业活力、以技术进步带动制造业转型升级；另一方面，应完善激励机制，加强基础性研发，强化产学研结合，促进技术进步的成果转换，以成果转换提升产能利用率，进而提升绿色技术创新效率，推动中国制造业提质增效。

　　第三，开展绿色科技招商，促进技术转移转化。一方面，加强与美国、欧盟、日韩等先进国家与地区的合作交流，实现"引资引智"与"转化投产"双同步，构建技术转移长效合作机制，加速国际绿色创新技术资源集聚。另一方面，通过以大型企业集团为主导，切实推进科技成果内部转化；以中小企业为依托，切实推进绿色科技成果外部转化；以科技团队自主创业为载体，探索绿色科技成果转化新模式。

第六章　环境规制与绿色技术创新扩散[①]

前面我们讨论了环境规制对绿色技术投入、绿色技术进步及绿色技术创新能力的影响，这些分析都建立在环境规制对规制对象自身的影响。关于环境政策对技术创新的影响，Jaffe 等（2003）在文献研究的基础上提出发明、创新和扩散三个阶段，Wagner 和 Llerena（2011）进一步发现环境规制有助于绿色技术创新扩散。那么，在我国，这种扩散情况的具体特征如何呢？

一、理论模型分析

借鉴 Acemoglu（2009）的模型框架，假设某地区存在三个部门，分别生产最终产品、中间产品和进行 R&D 研发。为便于分析，首先假定所有的中间产品都会被完全消耗，中间产品的生产成本由租借资本数量决定。分别以 $p_i(t)n_i(t)$ 和 $c_i(t)n_i(t)$ 代表 i 地区 t 时期中间产品部门的销售利润和生产成本，则中间产品部门的利润最大化函数 π 可以写作：

$$\max \pi_i(t) = p_i(t)n_i(t) - c_i(t)n_i(t), \ i = 1, 2, \cdots, n \qquad (6-1)$$

---

① 本章内容已投稿《管理学报》，并已录用，收入本书中略有修改。

其次假定最终产品只有 1 种，且最终产品的最大利润 π_y 取决于对中间产品的使用数量：

$$\max_{x_i(t)}\pi_y(t) = y_i(t) - p_i(t)n_i(t)，i = 1，2，\cdots，n \qquad (6-2)$$

最后假定 R&D 部门在技术市场上具有垄断地位，技术进步函数采用相对收入差距形式（$A_i(t) = n_i(t)[A(t)/A_i(t)]\varepsilon S_i(t)$），则 R&D 部门的利润最大化函数如式（6-3）所示：

$$\max \pi_R = n_i(t)a_i(t)^{-\varepsilon}S_i(t)V_i(t) - S_i(t)，i = 1，2，\cdots，n \qquad (6-3)$$

式中，n_i 和 $\varepsilon(\varepsilon > 0)$ 分别代表技术吸收、创新能力的影响系数；$S_i(t)$ 代表一个综合影响函数（关于技术进步及其他要素投入）；$A(t)$ 代表最先进的技术水平，$A_i(t)$ 越大则该地区的技术水平越高，$A(t)/A_i(t) \geq 1$ 代表技术差距（即 i 地区技术水平与最先进技术水平之差）。

若中间产品以 C - D 形式进入总生产函数，即 $y_i(t) = A_i(t)^{1-\alpha}n_i(t)^{\alpha}$，对式（6-1）和式（6-2）求一阶导，令 $a_i(t) = A_i(t)/A(t) \leq 1(a_i(t) \leq 1)$，结合式（6-3）可得：

$$a_i(t) = \left[\frac{n_i(t)[p_i(t) - c_i(t) - \tau_i(t)][p_i(t)/\alpha]^{1/(\alpha-1)}A_i(t)}{(1-s)\delta}\right]^{1/\varepsilon}，$$

$$(6-4)$$

由式（6-4）可知，当 $\partial a_i(t)/\partial n_i(t) > 0$，表明厂商的绿色技术扩散与其技术进步速度成正比；$a_i(t)/A_i(t) > 0$，表明生产者的技术进步和技术扩散速度与其技术存量成正比。此外，单位资本的利息与技术水平提高之间假定呈负相关，中间产品价格和技术对最终产品的贡献弹性（$1 - \alpha$）与技术水平负相关。

考虑在一般情形中，污染排放如果缺乏来自政府的监督和规制，企业将缺乏动力对绿色技术进行创新。因此政府约束对经济生产函数的影响将产生至关重要的作用。进一步地，引入政府规制进行分析，考虑规制约束条件下的绿色技术进步和扩散模型。假定 $D_i(t)$ 为中间产品生产过程中的污染排放量，其受到生产规模 $n(t)$ 和绿色技术 $R_i(t)$ 的影响，则污染排放函数可表示为：

$$D_i(t) = R_i(t) \cdot n_i(t) \tag{6-5}$$

进一步假设绿色技术的函数形式与一般技术变化率形式相同，以一个较小的 $R_i(t)$ 为全国最先进的绿色技术水平（$R_i(t)$ 越小则技术水平越高）。假定其以速度 g 下降，即存在 $R(t) = -gR(t)$，则污染排放强度的下降可以表示为：

$$R_i(t) = -n_i(t)\left[R(t)/R_i(t)\right]\varepsilon S_i(t), \quad i = 1, 2, \cdots, n \tag{6-6}$$

同样，令 $r_i(t) = R_i(t)/R(t) \geq 1$，表示 i 地区 t 时期的绿色技术水平与全国最先进的绿色技术水平之间的相对差距，其值越接近于 1，表示其技术水平越强。

政府通过两种手段对碳排放进行约束：一是征收排放税（或者排污费）；二是对绿色创新进行补贴。第一种手段增加了中间产品生产部门的边际成本，第二种手段降低了 R&D 研发成本。

考虑排放税对中间产品生产部门的影响，假设排放税率为 $\lambda_i(t)$，式（6-1）可以写成：

$$\max \pi_i(t) = p_i(t)x_i(t) - r_i(t)x_i(t) - \lambda_i(t)S_i(t)x_i(t), \quad i = 1, 2, \cdots, n \tag{6-7}$$

同时，考虑绿色技术创新补贴对 R&D 部门的影响，假设补贴是依据 $S_i(t)$ 的大小进行，比例为 $s_i(t)$；那么 $\mu_i(t) = \lambda_i(t)S_i(t)$ 则可以认为是经过调整的单位排放税率 R&D 部门最大化利润，式（6-3）可以写成：

$$\max \pi_R = n_i(t)a_i(t)^{-\varepsilon}S_i(t)V_i(t) - S_i(t) + s_i(t)S_i(t), \quad i = 1, 2, \cdots, n \tag{6-8}$$

约定折现效率 δ^*，与前文分析相同，技术变化可以表示为式（6-9）形式：

$$R_i(t) = \left[\frac{n_i(t)\left[p_i(t) - c_i(t) - \mu_i(t)\right]\left[p_i(t)/\alpha\right]^{1/(\alpha-1)}A_i(t)}{(1-s)\delta}\right]^{1/\varepsilon} \tag{6-9}$$

对比式（6-4）和式（6-9），$\mu_i(t)$ 和 $s_i(t)$ 的增加同样会使 $r_i(t)$ 下降，即绿色技术提高。因此可以认为，政府通过两种手段对污染排放进行规制时，不论是实行排污税政策还是实行创新补贴政策，都能够促进绿色技术的进步与扩散，缩小各地区的绿色技术与最先进的绿色技术之间的技术差距。

基于以上分析，我们发现环境规制能够促进绿色技术的进步和扩散，也就是说，环境规制可以导致绿色技术创新能力较低地区的提升速度快于绿色创新能力较强地区，这就是符合条件收敛假说的一些基本假设。基于此，我们提出如下待检验的命题：环境规制可以促进绿色技术创新能力收敛。

二、中国绿色技术创新能力的时空分异特征

（一）绿色技术创新能力的测算

针对不同地区、不同国家层面的创新评价，国内外有大量研究是基于数据包络分析（DEA）方法进行的，如 Thomas 等（2011）采用 DEA 方法测算了美国 2004～2008 年 50 个州的科技研发效率，白俊红等（2010）、白俊红和蒋伏心（2015）运用 DEA 方法分别测算我国 1998～2006 年、1999～2013 年省际的研发创新绩效。

基于 DEA 模型的 Malmquist 指数法是较为常用测算全要素生产率的方法，传统的 Malmquist 指数法没有考虑生产过程中存在的非期望产出，Chung 等（1997）在传统距离函数的基础上提出了新的方向距离函数来测算考虑非期望产出的全要素生产率指数（Malmquist - Luenberger 指数），如华振（2011）通过 DEA - Malmquist 生产指数法对我国省际的绿色创新能力进行了测算，但是，Malmquist - Luenberger 指数仍然存在缺陷，在计算混合方向距离函数时可能出现无解且存在非传递性。为进一步完善相关方法，基于 Tone（2001）提出的松弛 DEA 模型，结合 Oh（2010）在研究

OECD 国家全要素生产率时提出的全局 Malmquist - Luenberger 指数（GML），本书通过设置一个单一的贯穿全局生产技术的参考性生产前沿，采用全局 SBM 方向距离函数和 GML 指数，构建绿色创新能力的评价模型，测算绿色创新 GML 指数。

1. 测算模型

（1）全局生产可能性集。在分析绿色创新能力时，需要构建一个同时包含好产出和坏产出的全局生产可能性集。假设第 $k(k=1, 2, \cdots, K)$ 个省（市、区）在 $t(t=1, 2, \cdots, T)$ 期内有 $m(m=1, 2, \cdots, M)$ 投入 $x = (x_1, \cdots, x_m) \in R_m^+$，得到 $n(n=1, 2, \cdots, N)$ 种好产出 $w = (w_1, \cdots, w_n) \in R_n^+$ 和 $s(s=1, 2, \cdots, S)$ 种坏产出 $b = (b_1, \cdots, b_s) \in R_s^+$，则 k 省（市、区）t 时期的投入和产出值可表示为 $(x^{k,t}, w^{k,t}, b^{k,t})$，运用 DEA 方法可以将当期的生产可能性集 $(P^t(x^t))$ 表示如下：

$$P^t(x^t) = \left\{ (w^t, b^t) : \sum_{k=1}^{K} \lambda_k^t w_{kn}^t \geqslant w_{kn}^t, \forall n; \sum_{k=1}^{K} \lambda_k^t b_{ks}^t = b_{ks}^t, \forall s; \right.$$
$$\left. \sum_{k=1}^{K} \lambda_k^t x_{km}^t \leqslant x_{km}^t, \forall m; \sum_{k=1}^{K} \lambda_k^t = 1, \lambda_k^t \geqslant 0, \forall k \right\} \qquad (6-10)$$

式中，λ_k^t 是每一个横截面观测值的权重，如果 $\sum_{k=1}^{K} \lambda_k^t = 1$，则表示规模报酬可变（VRS），否则表示规模报酬不变（CRS）。$P^t(x^t)$ 是 t 期的生产可能性集，集合中的每一个数据仅表示一个截面的观测值。为了增强决策单元的可比性，绿色创新 GML 指数需要将这些当期生产可能性集替换为全局生产可能性集 $P^g(x)$。参照 Oh（2000）的做法，设定 $P^g(x) = P^1(x^1) U P^2(x^2) U \cdots U P^T(x^T)$，即整个 T 期内，在整个生产集的观测数据中，设置一个单一的贯穿全局生产技术的参考生产前沿，则 $P^g(x)$ 表示如下：

$$P^g(x) = \left\{ (w^t, b^t) : \sum_{t=1}^{T} \sum_{k=1}^{K} \lambda_k^t w_{kn}^t \geqslant w_{kn}^t, \forall n; \sum_{t=1}^{T} \sum_{k=1}^{K} \lambda_k^t b_{ks}^t = b_{ks}^t, \forall s; \right.$$
$$\left. \sum_{t=1}^{T} \sum_{k=1}^{K} \lambda_k^t x_{km}^t \leqslant x_{km}^t, \forall m; \sum_{k=1}^{K} \lambda_k^t = 1, \lambda_k^t \geqslant 0, \forall k \right\} \qquad (6-11)$$

（2）全局 SBM 方向距离函数。方向距离函数可以得到生产可能性集最优解，进而可以较好地解决包含非期望产出的效率评价问题。设方向性

向量 $g = (g^w, -g^b)$，$g \in R^n \times R^s$，则该方向距离函数可定义为：

$$\vec{D}_V^t(x^t, w^t, b^t, g) = \max\{\beta \mid [(g^w, g^b) + \beta g] \in P^t(x^t)\} \qquad (6-12)$$

式中，β 是试图寻求好产出 w 最大化和坏产出 b 最小化的方向距离函数值。为了进一步利用 DEA 方法求解上述距离函数，求解如下线性规划：

$$\vec{D}_V^t(x^t, w^t, b^t, g) = \max \beta$$

$$s.t. \begin{cases} \sum_{k=1}^{K} \lambda_k^t x_{km}^t \leqslant (1-\beta) x_{km}^t, \forall m \\ \sum_{k=1}^{K} \lambda_k^t w_{kn}^t \geqslant (1+\beta) w_{kn}^t, \forall n \\ \sum_{k=1}^{K} \lambda_k^t b_{ks}^t = (1+\beta) b_{ks}^t, \forall s \\ \sum_{k=1}^{K} \lambda_k^t = 1, \lambda_k^t \geqslant 0, \forall k \end{cases} \qquad (6-13)$$

进一步地，将全局方向距离函数定义为：

$$\vec{D}_V^G(x^t, w^t, b^t, g) = \max\{\beta \mid [(g^w, g^b) + \beta g] \in P^g(x)\} \qquad (6-14)$$

其需要求解的线性规划为：

$$\vec{D}_V^G(x^t, w^t, b^t, g) = \max \beta$$

$$s.t. \begin{cases} \sum_{k=1}^{K} \lambda_k^t x_{km}^t \leqslant (1-\beta) x_{km}^t, \forall m \\ \sum_{k=1}^{K} \lambda_k^t w_{kn}^t \geqslant (1+\beta) w_{kn}^t, \forall n \\ \sum_{t=1}^{T} \sum_{k=1}^{K} \lambda_k^t b_{ks}^t = (1+\beta) b_{ks}^t, \forall s \\ \sum_{k=1}^{K} \lambda_k^t = 1, \lambda_k^t \geqslant 0, \forall k \end{cases} \qquad (6-15)$$

（3）全局 Malmquist – Luenberger 指数。传统的 Malmquist – Luenberger 指数在形式上不具备循环性且可能在线性规划中无可行解，为了克服这两个缺陷，基于全局生产可能性集，在 Oh 等（2010）的研究基础上，参照

Chung 等（1997）的绿色创新全局 Malmquist – Luenberger 指数如下：

$$GML_t^{t+1} = \frac{1 + \vec{D}_V^G(x^t, \ w^t, \ b^t, \ g)}{1 + \vec{D}_V^G(x^{t+1}, \ w^{t+1}, \ b^{t+1}, \ g)} \tag{6-16}$$

式中，$g = (g^w, \ -g^b)$。GML_t^{t+1} 大于 1、等于 1 和小于 1 分别表示从 t 到 $t+1$ 绿色创新能力增长、不变和下降。GML_t^{t+1} 可进一步分解为全局效率变化指数（GEC_t^{t+1}）和全局技术变化指数（GTC_t^{t+1}），具体如下：

$$GML_t^{t+1} = GEC_t^{t+1} \times GTC_t^{t+1} = \frac{1 + \vec{D}_V^t(x^t, \ w^t, \ b^t, \ g)}{1 + \vec{D}_V^{t+1}(x^{t+1}, \ w^{t+1}, \ b^{t+1}, \ g)} \times$$

$$\left[\frac{[1 + \vec{D}_V^G(x^t, \ w^t, \ b^t, \ g)] / [1 + \vec{D}_V^t(x^t, \ w^t, \ b^t, \ g)]}{[1 + \vec{D}_V^G(x^{t+1}, \ w^{t+1}, \ b^{t+1}, \ g)] / [1 + \vec{D}_V^{t+1}(x^{t+1}, \ w^{t+1}, \ b^{t+1}, \ g)]} \right]$$

$$\tag{6-17}$$

2. 数据处理

本书收集了中国除西藏之外的 30 个省（市、区）2003～2013 年涉及绿色创新能力评价的相关数据，数据来源包括《中国科技统计年鉴》、《中国环境统计年鉴》和《中国能源统计年鉴》，并进行如下处理：

（1）创新投入主要有 R&D 人员与 R&D 资本存量两种投入要素。R&D 人员投入用当期 R&D 人员数量来衡量。R&D 资本存量参考吴延兵（2006）的方法，采用永续存盘法进行核算，具体如下：

$$K_{i,t} = I_{i,t} + (1 - \vartheta) K_{i,t-1} \tag{6-18}$$

式中，$K_{i,t}$ 和 $K_{i,t-1}$ 分别表示 i 省（市、区）在 t 期和 $t-1$ 期的 R&D 资本存量，ϑ 为折旧率，本书取值为 10%，$I_{i,t}$ 为 i 省（市、区）在 t 期的实际 R&D 经费，借鉴朱平芳和徐伟民（2003）的方法，R&D 平减价格指数 = 0.45 × 固定资产投资价格指数 + 0.55 × 消费价格指数。

进一步地，假设 R&D 资本存量增长率与实际 R&D 经费增长率是一致的，则基年资本存量的估算公式可表示为：

$$K_{i,0} = I_{i,0} \div (\tau + \upsilon) \tag{6-19}$$

式中，$K_{i,0}$、$I_{i,0}$ 分别表示基期的资本存量和实际 R&D 经费，τ 表示实际 R&D 经费的几何平均增长率，ϑ 为折旧率。根据数据的可得性，本书选用 2000 年为基期。

（2）好产出。本书选用代表创新知识产出的专利授权数和反映创新成果的市场及商业化水平的新产品销售收入两个指标，其中新产品销售收入采用消费价格指数进行平减。

（3）坏产出。根据上述对绿色创新能力的界定，绿色创新能力的关键考虑是能耗减少、污染减少。为此，坏产出包括单位 GDP 能耗、单位工业增加值工业固体废物产生量、单位工业增加值工业废气排放量、单位工业增加值工业废水排放总量。

（二）时空分异特征分析

1. 总体时序变化特征

2003～2013 年我国绿色创新 GML 指数及其分解如表 6-1 所示。

表 6-1　2003～2013 年我国绿色创新 GML 指数及其分解

时间	技术效率	技术进步	GML 指数
2003～2004 年	1.076	1.140	1.227
2004～2005 年	1.112	0.844	0.938
2005～2006 年	0.963	1.265	1.218
2006～2007 年	1.074	1.113	1.196
2007～2008 年	1.082	1.164	1.260
2008～2009 年	1.055	0.850	0.897
2009～2010 年	1.006	1.252	1.260
2010～2011 年	0.996	0.693	0.690
2011～2012 年	1.073	1.035	1.110
2012～2013 年	1.084	1.021	1.106
平均值	1.051	1.021	1.073

从表 6-1 中可以看出：总体来说，绿色创新 GML 指数年均增长

7.3%，虽然技术效率（5.1%）和技术进步（2.1%）都对增长做出了一定的贡献，但是技术效率是主要的推动力量，而技术进步的作用偏低。从指数分解情况来看：第一，纯技术效率在 2003~2006 年出现小幅下降，之后趋于稳步上升，但总体变化趋势不大；第二，技术进步变化波动较大，特别是 2008 年之后，处于震荡波动，但在 2012 年之后趋于稳定并有小幅提升；第三，绿色创新 GML 指数与绿色技术进步指数走势基本趋同，表明技术进步是我国绿色技术创新能力提升的主要贡献来源。从以上结果来看，技术进步是制约我国绿色创新能力的关键因素，导致这个结果的原因可能是长期粗放式经济增长方式使得创新发展显得低效。

2. 区域时空分异特征

为了更加科学地反映我国不同区域绿色创新能力的时空分异状况，并与相关区域发展政策结合，本书将我国分为东部、中部和西部三大地区。同时，为客观反映我国各省（市、区）绿色创新能力空间分布格局，将 2003~2013 年绿色创新 GML 指数及其分解的纯技术效率、技术进步指数的算数平均值作为评价指标进行分析，结果如表 6-2 所示。

表 6-2　2003~2013 年我国各省份绿色创新 GML 指数及其分解

省份	技术效率	技术进步	GML 指数	省份	技术效率	技术进步	GML 指数
北京	0.994	1.186	1.179	河南	1.059	1.051	1.113
天津	1.043	1.025	1.068	湖北	1.104	1.034	1.142
河北	1.050	1.016	1.067	湖南	1.101	1.017	1.120
山西	0.940	1.100	1.034	广东	0.977	1.029	1.005
内蒙古	1.010	0.968	0.977	广西	1.117	0.972	1.085
辽宁	1.049	1.023	1.073	海南	0.961	1.009	0.969
吉林	1.141	1.077	1.228	重庆	1.017	0.982	0.999
黑龙江	0.925	1.070	0.990	四川	1.137	1.028	1.169
上海	0.950	1.041	0.989	贵州	1.096	0.972	1.065
江苏	1.009	1.095	1.104	云南	1.112	0.945	1.051
浙江	0.991	1.010	1.000	陕西	1.107	1.104	1.222

续表

省份	技术效率	技术进步	GML 指数	省份	技术效率	技术进步	GML 指数
安徽	1.129	1.041	1.175	甘肃	1.254	0.917	1.150
福建	0.988	1.009	0.997	青海	1.062	0.893	0.948
江西	1.135	1.038	1.178	宁夏	1.157	0.872	1.009
山东	1.001	1.095	1.097	新疆	0.999	1.071	1.070

（1）从绿色创新 GML 指数的算数平均值来看，相对于西部地区而言，中东部地区绿色创新 GML 指数较高（均值）。从绿色创新 GML 指数的贡献来源来看，三个地区之间存在显著差异，东部地区主要依赖绿色技术进步，中部地区是纯技术效率与绿色技术进步共同作用的结果，而西部地区主要由纯技术效率变化起作用。从时空演变角度来看，东部地区的纯技术效率大部分时间小于技术进步指数，中部地区则纯技术效率指数与技术进步指数交替增长，西部地区的纯技术效率指数均大于1，而技术进步指数波动较大。

（2）从绿色创新纯技术效率来看，中西部地区整体高于东部地区。效率值小于1的地区主要分布在东部地区（共有9个省（市、区）效率值小于1，东部地区有6个：北京、福建、广东、海南、上海、浙江；中西部地区有黑龙江、山西、新疆3个省（自治区），其中效率值最低的4个省（市、区）为海南、黑龙江、上海和山西。高效率地区（绿色创新 GML 指数大于1且指数大于（绿色创新 GML 指数大于1地区的）均值）主要分布在中西部地区（主要包括安徽、甘肃、广西、贵州、湖北、湖南、江西、吉林、宁夏、陕西、四川、云南等省（市、区））。由此可知，对于东部地区来说，纯技术效率是拖累绿色创新能力增长的重要原因。

（3）从绿色创新技术进步效率来看，东部地区明显高于中西部地区，西部地区的技术进步效率均值小于1。具体而言，东、中部地区所有省（市、区）技术进步效率均大于1，高效率（绿色创新 GML 指数大于1且大于（绿色创新 GML 指数大于1地区的）均值）地区也主要分布在东、中部地区（主要包括北京、黑龙江、江苏、吉林、陕西、山东、山西和新疆，其中除了新疆之外，全部为中东部地区）；技术进步效率小于1的地区全部来自西部，包括重庆、甘肃、广西、贵州、内蒙古、宁夏、青海、云南等省（市、区），其中最低效率的三个地区依次为宁夏、青海和甘肃。这表明，对于西部地区而言，技术进步能力不足是绿色创新能力不强的重要原因（见表6－3）。

表6－3　中国各省份不同时期绿色创新 GML 指数

时间 省份	2003 ~ 2004 年	2008 ~ 2009 年	2012 ~ 2013 年	时间 省份	2003 ~ 2004 年	2008 ~ 2009 年	2012 ~ 2013 年
北京	1.232	0.818	1.049	河南	1.396	0.866	1.253
天津	1.888	0.943	1.268	湖北	1.199	0.988	1.252
河北	1.082	0.939	1.009	湖南	1.080	0.978	1.435
山西	1.377	0.824	0.999	广东	1.011	0.880	1.063
内蒙古	2.949	0.985	0.889	广西	1.194	1.114	1.397
辽宁	1.061	1.318	1.187	海南	0.717	0.975	1.004
吉林	1.260	1.497	1.352	重庆	0.603	0.993	0.978
黑龙江	2.384	0.436	0.989	四川	1.190	1.322	1.077
上海	1.023	0.812	1.003	贵州	1.071	0.712	1.020
江苏	1.272	1.051	1.002	云南	1.111	0.973	1.055
浙江	1.009	0.826	1.038	陕西	1.965	1.060	1.182
安徽	1.847	1.240	1.021	甘肃	1.400	0.968	1.062
福建	0.782	0.665	1.006	青海	0.768	0.425	1.086
江西	1.082	0.779	1.122	宁夏	0.977	1.042	1.400
山东	1.372	1.314	1.005	新疆	1.833	0.384	1.233

（4）从绿色创新 GML 指数时空演变来看，总体上呈现趋同—分异—趋同的规律性变化。就绿色创新 GML 指数大于1的省（市、区）个数而言，2003~2013 年，周期性地出现了三次小于15 的时期，分别为 2004~2005 年、2008~2009 年、2010~2011 年，其个数分别为 12、9、4，其余

年份绿色创新 GML 指数大于 1 的省（市、区）个数均大于 22。就地区演变而言，各年省际之间绿色创新 GML 指数呈现追逐局面，且呈现规律性变化，总体趋势而言，各省（市、区）绿色创新 GML 指数呈现趋同现象。为此，我们不禁会问：我国绿色技术创新能力是否存在收敛？如果存在收敛，这种收敛是否存在条件，是否与环境规制有关？基于上述疑问，下面将基于面板数据估计模型，对我国绿色创新 GML 指数的收敛性进行实证分析。

三、环境规制与绿色技术创新能力收敛的实证分析

（一）实证模型

国内外文献关于收敛的分析方法一般有 σ 收敛、绝对 β 收敛、条件 β 收敛三种，其中 σ 收敛和绝对 β 收敛属于绝对收敛。曹霞和于娟（2015）认为成熟的技术市场和政府资助有利于推动创新效率的提高，也就是说技术市场和政府支持可能影响绿色创新能力的稳态水平；钱丽等（2015）、华振（2011）的研究发现，产业结构和开放程度也对绿色创新能力有直接影响。为此，构建如下条件 β 收敛模型：

$$G_{k,t+1} = \alpha + \beta \ln GIP_{k,t} + \lambda JM_{k,t} + \pi IS_{k,t} + \rho ER_{k,t} + \vartheta EO_{k,t} + \varphi RD_{k,t} + \varepsilon_{k,t}$$

$$(6-20)$$

式中，k 代表省份，t 代表时间，α 代表常数截距项，$\ln GIP_{k,t}$ 代表 k 省 t 年绿色创新 GML 指数的对数形式，β 代表系数项且 $\beta = \dfrac{1 - e^{-\eta T}}{T}$，$G_{k,t+1}$ 代表 k 省绿色创新 GML 指数在 $t+1$ 时间内的平均增长率，即 $G_{k,t+1} = \dfrac{\ln GIP_{k,t+1} - \ln GIP_{k,0}}{t+1}$，$\varepsilon_{i,t}$ 代表误差项。如果式中 $\beta < 0$，则表明绿色创新 GML

指数存在绝对收敛，即绿色创新 GML 指数较低的省份存在追赶绿色创新 GML 指数较高省份的趋势，也就是说绿色创新能力的提升速度与初始水平成反比。

在式（6-20）中，*JM* 代表技术市场，以技术市场成交合同金额的增长率表示，用来反映技术市场的成熟度。一个成熟的技术市场有利于创新成果尽快实现市场价值，进而促进一个地区的绿色创新能力提升。*IS* 代表产业结构，用第二产业占 GDP 比重的增长率表示，用来反映地区的经济结构状况。产业结构优化过程会促进企业提高创新能力，进而提升整个区域的绿色创新能力。相反，粗放式的经济增长方式会导致绿色创新能力下降。*ER* 代表环境规制，用工业污染治理完成投资的增长率表示。Porter 及支持波特假说的文献证明，环境规制强度会激励企业进行技术创新，即提高企业的创新能力。*EO* 代表开放程度，用外商及港澳台商投资工业企业法人资本金的增长率表示。现有文献对此有两种截然不同的结论，一类文献发现，外商投资会产生技术扩散效应，进而推动自主创新能力；另一类文献则发现，不惜牺牲环境为代价引进 FDI 将会导致环境质量恶化，根据"污染天堂"的假说，由于各国环境规制存在差异，外商投资会选择性地规避环境治理成本，提高企业利润而选择规制水平较低地区进行投资，即 FDI 企业投资规模的增长反而会降低环境效率的整体水平（涂正革，2008），也有人解释为吸引外资及对外贸易的发展方式相对于创新发展而言，更容易实现经济快速增长，进而导致地方政府忽视本地的技术创新能力的提升。RD 代表政府支持，用地方财政科技拨款占地方财政支出比重的增加率表示。通常来说，政府支持力度越大，绿色创新能力越强。λ、π、ρ、ϑ 和 φ 分别为各地区的技术市场、产业结构、环境规制、开放程度和政府支持的回归系数，其他变量与绝对 β 收敛模型相同。当回归系数 β 显著为负时，则表明存在条件 β 收敛。

同时，条件 β 收敛模型可能存在遗漏变量和内生性，本书进一步在条件 β 收敛模型加入绿色创新 GML 指数增长率的一阶滞后项，模型表达式如下：

$$G_{k,t+1} = \alpha + \theta G_{k,t} + \beta \ln GIP_{k,t} + \lambda JM_{k,t} + \pi IS_{k,t} + \rho ER_{k,t} +$$
$$\vartheta EO_{k,t} + \varphi RD_{k,t} + u_k + \varepsilon_{k,t} \tag{6-21}$$

式中，$G_{k,t}$ 为绿色创新 GML 指数增长率的一阶滞后项，由于绿色创新能力增速存在一定的惯性，即地区绿色创新 GML 指数增长率在时间上存在一定程度的连续性，我们预期 $0 < \theta < 1$。u_k 是无法观测的各省份的个体差异，$\varepsilon_{k,t}$ 是随机误差项。

为了与前面测算的绿色创新 GML 指数匹配，选用 2004～2012 年我国 30 个省（市、区）的面板数据（西藏、港澳台地区不包括在样本内）。数据来源为 2005～2013 年的《中国科技统计年鉴》、《中国统计年鉴》和《中国环境统计年鉴》。

（二）数据平稳性检验

为了尽可能避免伪回归问题并保证估计结果的有效性，在设定模型和估计参数之前，我们采用 LLC、Bt – stat、IPS、ADF – Fisher 和 PP – Fisher 进行单位根检验。检验结果如表 6 – 4 所示，其中 LLC、Bt – stat、IPS、ADF – Fisher、PP – Fisher 分别指 Levin 等检验的 T 统计量、Breitung 检验、Im 等检验、Choi 检验的 Fisher – ADF 统计量和 Choi 检验的 Fisher – PP 统计量。由表 6 – 4 可见，除个别情形在 5% 的水平上显著外，大部分在 1% 的显著水平上拒绝原假设，说明各变量不存在单位根，皆为平稳序列，因此本书将各变量一起纳入回归模型。

表 6 – 4 条件 β 收敛模型的面板数据单位根检验结果

变量	LLC	Bt – stat	IPS	ADF – Fisher	PP – Fisher
G	– 33. 725 ***	– 3. 066 ***	– 6. 876 ***	230. 502 ***	399. 132 ***
$\ln GIP$	– 31. 523 ***	– 3. 632 ***	– 6. 573 ***	233. 366 ***	420. 804 ***
JM	– 23. 187 ***	– 4. 432 ***	– 4. 051 ***	177. 645 ***	315. 424 ***
IS	– 19. 901 ***	– 7. 361 ***	– 2. 815 ***	144. 015 ***	278. 403 ***
ER	– 28. 600 ***	– 2. 880 ***	– 5. 021 ***	199. 525 ***	352. 668 ***
EO	– 41. 313 ***	– 5. 146 ***	– 6. 259 ***	209. 497 ***	337. 447 ***
RD	– 19. 510 ***	– 3. 415 ***	– 2. 193 **	125. 623 ***	256. 644 ***

注：***、** 分别表示估计值在 1%、5% 的水平上显著。

（三）实证结果分析

1. 全国特征

利用 2004～2012 年 30 个省（市、区）的面板数据进行条件 β 收敛估计，对动态面板采用 Dynamic Panel Data 一阶差分 GMM 法进行估计。以上两个模型的估计结果如表 6-5 所示。

从表 6-5 中可以发现：第一，模型（1）～模型（3）列出了不同估计方法下的绿色创新能力条件 β 收敛的估计结果。同时，Hausman 检验的 P 值为 0.8206，说明回归使用 RE 模型更加恰当。模型（2）和模型（3）的估计结果显示，lnGIP 的回归系数为负，并均在 1% 的显著性水平下通过检验，表明中国绿色创新能力存在条件 β 收敛，即省际间存在各自稳态水平，并向该稳态水平收敛。这表明我国的绿色创新能力存在绝对 β 收敛，即绿色创新能力较低的地区存在追赶高能力地区的趋势，也就是说绿色创新能力的提升速度与初始水平成反比。

表 6-5　β 收敛模型的估计结果

解释变量：G	条件收敛		
	模型（1）	模型（2）	模型（3）
lnGIP	-0.179***	-0.178***	-0.156***
	(-5.74)	(-5.77)	(-5.10)
ER	0.0375***	0.0362***	0.00904
	(2.82)	(2.76)	(1.53)
JM	0.0416***	0.0393**	0.0218***
	(2.64)	(2.54)	(2.88)
IS	-0.698*	-0.618*	-0.514***
	(-1.89)	(-1.73)	(-3.51)
EO	-0.0723*	-0.0676*	-0.0226
	(-1.94)	(-1.83)	(-0.97)
RD	0.152***	0.150***	0.0802**
	(3.46)	(3.44)	(2.15)

解释变量：G	条件收敛		
	模型（1）	模型（2）	模型（3）
$L_1. G$			0.197**
			(2.44)
C	−0.0359**	−0.0367	−0.000774
	(−2.50)	(−1.40)	(−0.07)
R^2	0.2193	0.2191	
F 或 Wald	10.96	64.46	156.47
	[0.0000]	[0.0000]	[0.0000]
Hausman Test	3.64		
	[0.8206]		
模型	FE	RE	DIFF – GMM
观测值	270		210

注：***、**、*分别表示估计值在1%、5%、10%的水平上显著；括号内的数值为稳健标准误下的 t 统计量。

第二，从模型（2）来看，环境规制的估计系数为 0.0362，且在 1% 的显著水平上显著；模型（3）的估计系数也为正，在 15% 的显著水平上显著。这一结果表明绿色创新能力具有正的规制效应，也说明加强环境规制有利于提升绿色创新能力扩散。

第三，从模型（3）可以发现，绿色创新 GML 指数增长率的一阶滞后项的回归系数为 0.197，且在 5% 的水平上显著。这说明地区绿色创新 GML 指数增长率增速存在一定惯性，即绿色创新能力增速在时间上可能存在一定程度的持续性。

第四，从模型（2）、模型（3）的估计结果同时发现：一是技术市场的系数显著为正，表明技术市场的成熟有利于绿色创新能力的提升，即具有正向的市场效应，与本书的预期相符。二是产业结构的系数显著为负，说明绿色创新能力具有负的结构效应，即第二产业占 GDP 比重提高会降低绿色创新能力，也进一步说明产业结构优化有助于绿色创新能力的提升。三是开放程度的回归系数为负，且在模型（4）中在 10% 的水平上显著，说明绿色创新能力具有负的开放效应，这与涂正革（2008）、华振

（2011）的研究成果一致；也进一步说明过去很长一段时期我国大部分地区吸引外资是粗放的，并没有对环境资源加以约束。四是政府支持的回归系数显著为正，表明政府提高对科技研发的支持有助于绿色创新能力的提升，即具有正向的扶持效应。

2. 区域特征

为不失一般性，我们按东部、中部和西部将全国划分为三大区域，并进行估计，结果如表 6-6 所示。

表 6-6 β 收敛的区域特征

解释变量：G	条件收敛		
	东部	中部	西部
lnGIP	-0.197 ***	-0.102 *	-0.181 ***
	(-4.00)	(-1.90)	(-3.43)
ER	0.0278 *	0.0749 ***	-0.00181
	(1.76)	(3.81)	(-0.07)
JM	0.0450 ***	-0.0675	0.0153
	(2.65)	(-1.22)	(0.54)
IS	-0.564	-0.0523	-0.351
	(-1.17)	(-0.12)	(-0.49)
EO	-0.359 ***	0.0270	-0.0283
	(-5.87)	(0.52)	(-0.43)
RD	0.246 ***	-0.00460	0.117 *
	(2.70)	(-0.06)	(1.84)
C	0.00738	-0.0243	-0.0306
	(0.20)	(-1.24)	(-0.61)
R^2	0.491	0.3163	0.1683
Wald	82.14	28.27	16.54
	[0.0000]	0.0001	0.0111
Hausman Test	2.42	18.63	7.95
	0.9327	0.0048	0.3369
观测值	99	72	99

注：*** 、** 、* 分别表示估计值在 1%、5%、10% 的水平上显著；括号内的数值为稳健标准误下的 t 统计量。

从中我们发现：第一，表6-6列出了不同区域绿色创新能力条件β收敛的估计结果。同时，Hausman检验结果显示，三个模型均应采用RE模型。三个模型中$\ln GIP$的回归系数分别为-0.197、-0.102和-0.181，分别在1%、10%、1%的显著水平上显著，表明各区域绿色创新能力存在条件β收敛，即省际间存在各自稳态水平，并向该稳态水平收敛。这表明各地区的绿色创新能力存在绝对β收敛，即绿色创新能力较低的地区存在追赶高能力地区的趋势，也就是说绿色创新能力的提升速度与初始水平成反比。

第二，从环境规制来看，西部地区与东部、中部地区存在显著分歧：从模型（1）可以发现，东部地区环境规制的估计系数为正，在10%的水平上显著；从模型（2）来看，中部地区环境规制的估计系数为0.0749，并在1%的水平上显著；从模型（3）来看，西部地区环境规制的估计系数不显著。上述结果表明，对于东部地区和中部地区来说，绿色技术创新能力具有正的规制效应，说明加强这两个地区环境规制能促进绿色技术创新能力扩散，但是对于西部地区来说，绿色技术创新能力的规制效应不显著。导致这一结果的原因，可能是西部地区长期规制强度较高，甚至规制强度已经超越了较高的门槛值，结合前一章的研究成果，我们发现过高的环境规制强度会抑制绿色技术创新能力提升。为此，对于不同地区制定适应的环境规制政策，有助于挖掘环境规制的绿色技术创新效应。

四、本章小结

本章首先借鉴Acemoglu（2009）的利润框架，基于一个三部门（分别生产最终产品、中间产品和进行R&D研发）的模型框架，分析了环境规制对绿色技术创新能力扩散的影响；其次采用SBM方向性距离函数和

GML 指数对 2003～2013 年中国省际绿色创新能力进行了测算，并在此基础上运用条件 β 收敛模型检验了绿色创新能力的 β 收敛，探讨了环境规制对绿色创新能力收敛的影响，分析了这种影响的区域差异特征。研究发现：

第一，基于理论模型分析，环境规制能够促进绿色技术的进步与扩散，缩小各地区的绿色技术与最先进的绿色技术之间的技术差距，即环境规制能够诱发绿色技术的进步和扩散。

第二，基于 SBM 方向性距离函数和 GML 指数，中国绿色创新 GML 指数整体呈现增长的趋势，从绿色创新 GML 指数分解结果来看，技术进步是影响绿色创新能力的关键因素。中国绿色创新能力存在显著的时空分异，总体看，中东部地区绿色创新 GML 指数高于西部，且西部地区绿色创新 GML 指数变化幅度最大；从纯技术效率来看，中西部地区整体高于东部地区，中部地区的绿色创新纯技术效率波动较大；从技术进步效率来看，东部地区明显高于中西部地区，西部地区的技术进步效率均值小于 1；从省际间绿色创新 GML 指数的时空演变来看，总体上呈现趋同—分异—趋同的规律性变化。

第三，条件 β 收敛分析表明，各省（市、区）存在各自的稳态水平，并向该稳态水平收敛；同时，无论是全国还是东部、中部和西部地区，收敛的结果是稳健的。

第四，从环境规制来看，基于全国样本，加强环境规制有助于促进绿色技术创新能力扩散，但西部地区与东部、中部地区存在显著分歧，对于东部地区和中部地区来说，绿色技术创新能力具有正的规制效应，但西部地区这种效应并不显著。

第五，绿色创新 GML 指数增长率的一阶滞后项的回归系数显著为正，表明绿色创新 GML 指数增长率增速存在一定的惯性，即绿色创新能力增速在时间上可能存在一定程度的持续性；技术市场的成熟和政府支持的加大均有利于绿色创新能力的提升，即绿色创新能力具有正向的市场效应和扶持效应；第二产业比例增加会显著抑制绿色创新能力的提升，外商直接投资并不会显著提升绿色创新能力，即绿色创新能力具有负向的结构效应和开放效应。

当前，我国经济已经步入新常态，走创新发展、绿色发展之路的核心内涵就是要提升绿色创新能力，基于本章的研究结论，就我国的经济转型增长提出以下建议：一是优化区域环境规制，诱导绿色技术扩散；二是实施创新驱动战略，促进区域协同创新；三是引导产业结构升级，推进三产互动发展；四是培育技术交易市场，加强产研协调发展；五是加强外商投资管理，科学布局招商引资。

第七章　研究结论与展望

一、研究结论

本书基于环境规制理论、技术创新理论和可持续发展理论，依据负外部性理论、稀缺性理论、公共物品理论、波特假说理论以及导向型技术变迁理论，分析环境规制对绿色技术创新影响的理论基础，从资本投入、技术进步、创新能力与扩散等视角分析了环境规制对绿色技术创新的作用机制，并从这四个视角展开理论建模和实证检验。主要研究结论如下：

第一，行动一致的环境规制具有绿色技术创新投入的倒逼效应。在系统考察我国环境规制历史演变、发展现状及环境治理体制机制的基础上，通过构建一个考虑多省份的理论模型，将地区间环境规制策略性行为纳入分析框架，并分别讨论了环境分权与中央集权情境下的均衡状况。研究发现，行动一致的环境规制确实能促进生产者提高绿色创新投入，即行动一致的环境规制具有绿色技术创新投入的倒逼效应。

第二，行动一致的环境规制具有显著的绿色技术诱导效应。在讨论我国地域竞争背景下地区环境规制策略行为的基础上，界定了行动一致的环境规制，然后从消费阶段选取了阶梯电价政策和能效标识制度分别代表市场型和命令—控制型环境规制政策工具进行实证研究。研究发现：尽管两者对绿色技术的影响作用存在分歧，但两者均有显著的技术诱导效应。具体来说，主要体现在两个层面：从绝对数量角度，两种规制对节能、节电专利均有积极的诱发效应，也说明不论是市场型还是命令—控制行动一致的环境规制均可诱发绿色技术进步；从相对数量视角，两种规制工具均能显著提升节能、节电专利占所有专利的比例，表明不论是市场型还是命令—控制行动一致的环境规制均可偏向性诱发绿色技术进步。即行动一致的环境规制具有显著的绿色技术诱导效应。

第三，环境规制强度对绿色技术创新能力具有显著的门槛效应。在测算和分析我国制造业绿色创新能力的基础上，从作用机制和面板模型两个角度分析了环境规制与绿色技术创新能力的关系，并进一步利用非线性模型考察了环境规制与绿色技术创新能力之间可能存在的门槛关系。研究发现：从绿色技术创新 GML 指数来看，随着规制强度由中等强度跨越到较高强度后，环境规制对绿色创新能力的作用方向由正变负。基于指数分解来看：环境规制对绿色技术进步指数影响存在显著的倒 N 形关系；只有在较低规制强度区间，环境规制对绿色技术创新纯技术效率显著为正；通过对比分析发现，规制强度在中等区间，对绿色创新能力的促进作用最优。即环境规制对绿色技术创新能力具有显著的门槛效应。

第四，环境规制强度对绿色技术创新具有显著的扩散效应。通过构建一个生产最终产品、中间产品和进行 R&D 研发的三部门模型，讨论了补贴、环境规制共同作用下，环境规制对省际间绿色技术创新扩散的均衡影响，并采用 SBM 方向性距离函数和 GML 指数对 2003~2013 年中国省际绿色创新能力进行了测算，分析了省际间绿色创新能力的时空特征，并在此基础上，对环境规制与省际间绿色创新能力的条件收敛进行实证检验。研究发现：基于全国样本，加强环境规制有助于促进绿色技术创新能力扩散，但西部地区与东部、中部地区存在显著分歧，对于东部地区和中部地区来说，绿色技术创新能力具有正的规制效应，但西部地区这种效应并不显著。

综上所述，环境规制具有显著的绿色技术创新效应，这种效应分为四个层面：资本投入的倒逼效应；技术进步的诱导效应；创新能力的门槛效应；创新能力的扩散效应。

二、研究不足与展望

本书从资本投入、技术进步、创新能力与扩散四个视角考察了环境规制的绿色技术创新效应，期望通过探析环境规制对我国绿色技术创新的驱动作用，能够为探索、把握和遵循社会主义市场经济规律提供重要参考。然而，作为我国探索社会经济新发展模式的重大课题，环境规制的绿色技术创新效应有许多问题值得深入研究，尽管本书力求能实现一些突破，也发现了部分规律，但研究中仍存在一些不足和值得深入探讨的问题：

第一，实证部分仅考虑了正式环境规制，没有对非正式环境规制进行实证研究。环境规制包含正式环境规制和非正式环境规制，两者是相辅相成的。非正式环境规制是环境规制体系重要组成部分，发达国家的实践表明，非正式环境规制在监督企业环保行为、提升公众环保意识、提高规制实施效果等方面均有显著作用。当然，鉴于非正式环境规制数据的可获得性问题，其作用效果可以直接反映在环境规制强度上，因此只对正式环境规制进行实证分析仍然是可以接受的。不过，将非正式环境规制纳入体系研究之中，探讨其对绿色技术创新的影响，也是下一步应该努力的方向。

第二，虽然探讨了环境规制质量评价的话题，但并没有构建一个环境规制质量评价体系。在资源环境约束不断加强的背景下，可以预见的是，环境规制政策将是我国政府社会经济政策的重要组成部分。然而，环境规制尽管能解决环境问题，但政策的经济成本和对生产率的抑制作用是一个新的挑战。也就是说，环境规制也存在一定的局限性。为此，进行环境规制改革、提升环境规制质量是中国经济可持续发展的重大课题。目前，大量文献都在探讨环境规制对经济社会的作用，而鲜有文献探讨环境规制的质量问题。借鉴国内外研究，展开环境规制质量研究，探讨环境规制质量评价原则，构建环境规制质量评价体系，对我国经济社会发展具有重要的现实意义。下一阶段，将在本书的基础上对环境规制质量进行探讨。

第三，虽然探讨了环境规制对绿色技术创新的影响机制和作用效应，也在总结的基础上对政策意义和政策建议进行了初步分析，但如果能对四个效应的政策意义进行深入探讨，则可以让研究的现实意义更加突出。为此，下一阶段将在本书的基础上，深入探析资本投入的倒逼效应、技术进步的诱导效应、创新能力的门槛效应、创新能力的扩散效应的政策意义，为我国绿色、创新发展提出切实可行、行之有效的政策建议。

参考文献

［1］Antonio La Spina. Legitimacy, regulatory quality, impact assessment, and the role of academics ［EB/OL］. http：//ec. europa. eu/enterprise/regulation/better_ regulation/impact_ assessment/docs_ ia_ conference/ia_ conf_ laspina_ paper. pdf.

［2］Anthony M. Bertelli and Andrew B. Whitford. Separation of powers and credible commitments：Evidence from perceptions of regulatory quality, available at SSRN ［EB/OL］ http：//ssrn. com/abstract = 794089.

［3］Acemoglu D, Aghion P, Bursztyn L, et al. The environment and directed technical change ［J］. The American Economic Review, 2012, 102 (1)：131 – 166.

［4］Acemoglu D, Akcigit U, Hanley D, et al. Transition to clean technology ［J］. Journal of Political Economy, 2016, 124 (1)：52 – 104.

［5］Acemoglu, Daron. Equilibrium bias of technology ［J］. Econometrica, 2007, 75 (5)：1371 – 1410.

［6］Acemoglu, Daron. Why do new technologies complement skills? directed technical change and wage inequality ［J］. Quarterly Journal of Economics, 1998, 113 (4)：1055 – 1089.

［7］Agan Y, Acar M F, Borodin A. Drivers of environmental processes and their impact on performance：A study of Turkish SMEs ［J］. Journal of Cleaner Production, 2013 (51)：23 – 33.

［8］ Aghion P, Dechezleprêtre A, Hémous D, et al. Carbon taxes, path dependency, and directed technical change: Evidence from the Auto Industry ［J］. Journal of Political Economy, 2016, 124（1）: 1 – 51.

［9］ Albrizio S, Kozluk T, Zipperer V. Environmental policies and productivity growth: Evidence across industries and firms ［J］. Journal of Environmental Economics and Management, 2017（81）: 209 – 226.

［10］ Alpay E, Kerkvliet J, Buccola S. Productivity growth and environmental regulation in Mexican and US food manufacturing ［J］. American Journal of Agricultural Economics, 2002, 84（4）: 887 – 901.

［11］ Ambec S, Cohen M A, Elgie S, et al. The Porter hypothesis at 20: Can environmental regulation enhance innovation and competitiveness? ［J］. Review of Environmental Economics and Policy, 2013, 7（1）: 2 – 22.

［12］ Arimura T, Hibiki A, Johnstone N. An empirical study of environmental R&D: What encourages facilities to be environmentally innovative ［J］. Environmental Policy and Corporate Behaviour, 2007: 142 – 173.

［13］ Bai J. Estimating multiple breaks one at a time ［J］. Econometric Theory, 1997, 13（3）: 315 – 352.

［14］ Bansal P, Roth K. Why companies go green: A model of ecological responsiveness ［J］. Academy of management journal, 2000, 43（4）: 717 – 736.

［15］ Barbera A J, McConnell V D. The impact of environmental regulations on industry productivity: Direct and indirect effects ［J］. Journal of environmental economics and management, 1990, 18（1）: 50 – 65.

［16］ Barbieri N, Ghisetti C, Gilli M, et al. A survey of the literature on environmental innovation based on main path analysis ［J］. Journal of Economic Surveys, 2016, 30（3）: 596 – 623.

［17］ Barney J. Firm resources and sustained competitive advantage ［J］. Journal of management, 1991, 17（1）: 99 – 120.

［18］ Bélis – Bergouignan M C, Levy R, Oltra V, et al. L'articulation des

objectifs technico – économiques et environnementaux au sein de projets d'éco –
innovations. Le cas de la filière bois aquitaine ［J］. Revue d'économie industri-
elle, 2012 (138): 9 – 38.

［19］ Berrone P, Fosfuri A, Gelabert L, et al. Necessity as the mother of
"green" inventions: Institutional pressures and environmental innovations ［J］.
Strategic Management Journal, 2013, 34 (8): 891 – 909.

［20］ Blackman A, Kildegaard A. Clean technological change in developing –
country industrial clusters: Mexican leather tanning ［J］. Environmental Econom-
ics and Policy Studies, 2010, 12 (3): 115 – 132.

［21］ Blum – Kusterer M, Hussain S S. Innovation and corporate sustainabili-
ty: An investigation into the process of change in the pharmaceuticals industry
［J］. Business Strategy and the Environment, 2001, 10 (5): 300 – 316.

［22］ Bossle M B. , De Barcellos M D, Vieira L M, et al. The drivers for a-
doption of eco – innovation ［J］. Journal of Cleaner Production, 2016 (113):
861 – 872.

［23］ Boyd G A, McClelland J D. The impact of environmental constraints on
productivity improvement in integrated paper plants ［J］. Journal of environmental
economics and management, 1999, 38 (2): 121 – 142.

［24］ Braun E, Wield D. Regulation as a Means for the Social Control of
Technology ［J］. Technology Analysis & Strategic Management, 1994, 6 (3):
259 – 272.

［25］ Breton A. Competitive governments: An economic theory of politics and
public finance ［M］. Cambridge University Press, 1998.

［26］ Brouillat E, Oltra V. Extended producer responsibility instruments and
innovation in eco – design: An exploration through a simulation model ［J］. Eco-
logical Economics, 2012 (83): 236 – 245.

［27］ Brunnermeier S B, Cohen M A. Determinants of environmental innova-
tion in US manufacturing industries ［J］. Journal of environmental economics and

management, 2003, 45 (2): 278 – 293.

[28] Claudio M. Radaelli and Fabrizio De Francesco. Project on indicators of regulatory quality final report [R]. Centre for European Studies, University of Bradford, 2004.

[29] Cai H, Chen Y, Gong Q. Polluting thy neighbor: Unintended consequences of China's pollution reduction mandates[J]. Journal of Environmental Economics and Management, 2016 (76): 86 – 104.

[30] Cainelli G, Mazzanti M. Environmental innovations in services: Manufacturing – services integration and policy transmissions [J]. Research Policy, 2013, 42 (9): 1595 – 1604.

[31] Calel R, Dechezlepretre A. Environmental policy and directed technological change: Evidence from the European carbon market [J]. Review of economics and statistics, 2016, 98 (1): 173 – 191.

[32] Carraro C, Siniscaico D. Environmental policy reconsidered: The role of technological innovation [J]. European Economic Review, 1994, 38 (3): 545 – 554.

[33] Chadha A. Overcoming competence lock – in for the development of radical eco – innovations: The case of biopolymer technology [J]. Industry and Innovation, 2011, 18 (3): 335 – 350.

[34] Chen P C, Hung S W. Collaborative green innovation in emerging countries: A social capital perspective [J]. International Journal of Operations & Production Management, 2014, 34 (3): 347 – 363.

[35] Chen S, Golley J. "Green" productivity growth in China's industrial economy[J]. Energy Economics, 2014 (44): 89 – 98.

[36] Christainsen G B, Haveman R H. Public regulations and the slowdown in productivity growth [J]. The American Economic Review, 1981, 71 (2): 320 – 325.

[37] Chung Y H, Färe R, Grosskopf S. Productivity and undesirable outputs: A directional distance function approach [J]. journal of Environmental

Management, 1997, 51（3）：229 - 240.

［38］Conceição P, Heitor M V, Vieira P S. Are environmental concerns drivers of innovation? Interpreting Portuguese innovation data to foster environmental foresight［J］. Technological Forecasting and Social Change, 2006, 73（3）：266 - 276.

［39］Conrad K, Wastl D. The impact of environmental regulation on productivity in German industries［J］. Empirical Economics, 1995, 20（4）：615 - 633.

［40］Cooke P. Regional innovation systems：development opportunities from the "green turn"［J］. Technology Analysis & Strategic Management, 2010, 22（7）：831 - 844.

［41］Cooke P. Transition regions：Regional - national eco - innovation systems and strategies［J］. Progress in Planning, 2011, 76（3）：105 - 146.

［42］Cuerva M C, Triguero - Cano Á, Córcoles D. Drivers of green and non - green innovation：Empirical evidence in Low - Tech SMEs［J］. Journal of Cleaner Production, 2014（68）：104 - 113.

［43］Cullen J A, Mansur E T. Inferring carbon abatement costs in electricity markets：A revealed preference approach using the shale revolution［J］. American Economic Journal：Economic Policy, 2017, 9（3）：106 - 133.

［44］Cumberland J H. Efficiency and equity in interregional environmental management［J］. Review of regional studies, 1981, 2（1）：1 - 9.

［45］De Marchi V. Environmental innovation and R&D cooperation：Empirical evidence from Spanish manufacturing firms［J］. Research Policy, 2012, 41（3）：614 - 623.

［46］De Miranda Ribeiro F, Kruglianskas I. Principles of environmental regulatory quality：A synthesis from literature review［J］. Journal of Cleaner Production, 2015（96）：58 - 76.

［47］Dechezleprêtre A, Glachant M, Haščič I, et al. Invention and transfer of climate change - mitigation technologies：A global analysis［J］. Review of environmental economics and policy, 2011, 5 (1): 109 – 130.

[48] Del Río González P. The empirical analysis of the determinants for environmental technological change: A research agenda [J]. Ecological Economics, 2009, 68 (3): 861 – 878.

[49] Demirel P, Kesidou E. Stimulating different types of eco – innovation in the UK: Government policies and firm motivations [J]. Ecological Economics, 2011, 70 (8): 1546 – 1557.

[50] Díaz – García C, González – Moreno á, Sáez – Martínez F J. Eco – innovation: Insights from a literature review [J]. Innovation, 2015, 17 (1): 6 – 23.

[51] Doran J, Ryan G. Regulation and firm perception, eco – innovation and firm performance [J]. European Journal of Innovation Management, 2012, 15 (4): 421 – 441.

[52] Driessen P H, Hillebrand B. Adoption and diffusion of green innovations [M] //Marketing for sustainability: Towards transactional policy – making, 2002: 343 – 355.

[53] Eichner T, Runkel M. Subsidizing renewable energy under capital mobility [J]. Journal of Public Economics, 2014 (117): 50 – 59.

[54] Fernandes A M. Firm productivity in Bangladesh manufacturing industries [J]. World Development, 2008, 36 (10): 1725 – 1744.

[55] Fiorino D J. The new environmental regulation [M]. Mit Press, 2006.

[56] Fischer C, Heutel G. Environmental macroeconomics: Environmental policy, business cycles, and directed technical change [J]. Annu. Rev. Resour. Econ., 2013, 5 (1): 197 – 210.

[57] Fischer C, Newell R. Environmental and technology policies for climate change and renewable energy [M]. Washington, DC: Resources for the Future, 2004.

[58] Foray D, Grübler A. Technology and the environment: An overview [J]. Technological forecasting and social change, 1996, 53 (1): 3 – 13.

［59］García – Pozo A, Sánchez – Ollero J L, Marchante – Lara M. Eco – innovation and management: An empirical analysis of environmental good practices and labour productivity in the spanish hotel industry ［J］. Innovation, 2015, 17 (1): 58 – 68.

［60］Garzarelli G. Old and new theories of fiscal federalism, organizational design problems, and tiebout ［J］. Journal of Public Finance and Public Choice, 2004, 22 (1 – 2): 91 – 104.

［61］Gee S, McMeekin A. Eco – innovation systems and problem sequences: The contrasting cases of US and Brazilian biofuels ［J］. Industry and innovation, 2011, 18 (3): 301 – 315.

［62］Gil M J A, Jiménez J B, Lorente J J C. An analysis of environmental management, organizational context and performance of Spanish hotels ［J］. Omega, 2001, 29 (6): 457 – 471.

［63］Girma S, Greenaway D, Wakelin K. Who benefits from foreign direct investment in the UK? ［J］. Scottish Journal of Political Economy, 2001, 48 (2): 119 – 133.

［64］Goldar B, Banerjee N. Impact of informal regulation of pollution on water quality in rivers in India ［J］. Journal of Environmental Management, 2004, 73 (2): 117 – 130.

［65］González – Moreno Á, Sáez – Martínez F J, Díaz – García C. Drivers of eco – innovation in chemical industry ［J］. Environmental Engineering & Management Journal (EEMJ), 2013, 12 (10): 2001 – 2008.

［66］Goulder L H, Schneider S H. Induced technological change and the attractiveness of CO_2 abatement policies ［J］. Resource and energy economics, 1999, 21 (3): 211 – 253.

［67］Gouldson A, Morton A, Pollard S J T. Better environmental regulation—contributions from risk – based decision – making ［J］. Science of the Total Environment, 2009, 407 (19): 5283 – 5288.

［68］Govindan K, Diabat A, Shankar K M. Analyzing the drivers of green manufacturing with fuzzy approach ［J］. Journal of Cleaner Production, 2015 (96): 182 – 193.

［69］Grabosky P N. Counterproductive regulation ［J］. International journal of the sociology of law, 1995, 23 (4): 347 – 369.

［70］Grunwald A. On the roles of individuals as social drivers for eco – innovation ［J］. Journal of Industrial Ecology, 2011, 15 (5): 675 – 677.

［71］Guoyou Q, Saixing Z, Chiming T, et al. Stakeholders´ influences on corporate green innovation strategy: A case study of manufacturing firms in China ［J］. Corporate Social Responsibility and Environmental Management, 2013, 20 (1): 1 – 14.

［72］Hossein Jalilian, Colin Kirkpatrick and David Parker. Creating the conditions for international business expansion: The impact of regulation on economic growth in developing countries – a cross – country analysis, Working paper Series, paper No. 54, centre on regulation and competition, institute for development policy and management ［J］. University of Manchester, UK, 2003.

［73］Halila F, Rundquist J. The development and market success of eco – innovations: A comparative study of eco – innovations and "other" innovations in Sweden ［J］. European Journal of Innovation Management, 2011, 14 (3): 278 – 302.

［74］Hamamoto M. Environmental regulation and the productivity of Japanese manufacturing industries ［J］. Resource and energy economics, 2006, 28 (4): 299 – 312.

［75］Hansen B. E. Threshold Effects in Non – Dynamic Panels: Estimation, Testing, and Inference ［J］. Journal of Econometrics, 1999, 93 (2): 345 – 368.

［76］Hart S L. A natural – resource – based view of firm ［J］. Academy of Management Review, 1995, 20 (4): 986 – 1014.

［77］Hofer C, Cantor D E, Dai J. The competitive determinants of a firm's environmental management activities: Evidence from US manufacturing industries

［J］. Journal of Operations Management, 2012, 30（1）: 69 – 84.

［78］Hojnik J, Ruzzier M. What drives eco – innovation? A review of an e-merging literature ［J］. Environmental Innovation and Societal Transitions, 2016（19）: 31 – 41.

［79］Horbach J, Rammer C, Rennings K. Determinants of eco – innovations by type of environmental impact—The role of regulatory push/pull, technology push and market pull ［J］. Ecological economics, 2012（78）: 112 – 122.

［80］Horbach J. Determinants of environmental innovation—New evidence from German panel data sources ［J］. Research policy, 2008, 37（1）: 163 – 173.

［81］Horbach J. Do eco – innovations need specific regional characteristics? An econometric analysis for Germany ［J］. Review of Regional Research, 2014, 34（1）: 23 – 38.

［82］Hottenrott H, Rexhäuser S. Policy – induced environmental technology and inventive efforts: Is there a crowding out? ［J］. Industry and Innovation, 2015, 22（5）: 375 – 401.

［83］Jaffe A B, Newell R G, Stavins R N. Technological change and the environment ［J］. Handbook of environmental economics, 2003（1）: 461 – 516.

［84］Jaffe A B, Palmer K. Environmental regulation and innovation: A panel data study ［J］. Review of economics and statistics, 1997, 79（4）: 610 – 619.

［85］Jaffe A B, Peterson S R, Portney P R, et al. Environmental regulation and the competitiveness of US manufacturing: what does the evidence tell us? ［J］. Journal of Economic literature, 1995, 33（1）: 132 – 163.

［86］Jänicke M, Jacob K. Lead markets for environmental innovations: A new role for the nation state ［J］. Global environmental politics, 2004, 4（1）: 29 – 46.

［87］Jänicke M, Lindemann S. Governing environmental innovations ［J］. Environmental Politics, 2010, 19（1）: 127 – 141.

［88］Jens Horbach, Christian Rammer and Klaus Rennings. Determinants of eco – innovations by type of environmental impact – The role of regulatory pull, technology push and market pull ［J］. Ecological Economics, 2012（78）: 112 – 122.

［89］Johnson D K N, Lybecker K M. Paying for green: An economics literature review on the constraints to financing environmental innovation ［J］. Electronic Green Journal, 2012, 1（33）.

［90］Johnstone N, Haščič I, Popp D. Renewable energy policies and technological innovation: Evidence based on patent counts ［J］. Environmental and resource economics, 2010, 45（1）: 133 – 155.

［91］Johnstone N, Labonne J. Environmental policy, management and R&D ［J］. OECD Economic Studies, 2006（1）: 169 – 203.

［92］Kathuria V. Informal regulation of pollution in a developing country: evidence from India ［J］. Ecological Economics, 2007, 63（2）: 403 – 417.

［93］Kesidou E, Demirel P. On the drivers of eco – innovations: Empirical evidence from the UK ［J］. Research Policy, 2012, 41（5）: 862 – 870.

［94］Keskin D, Diehl J C, Molenaar N. Innovation process of new ventures driven by sustainability ［J］. Journal of Cleaner Production, 2013, 45: 50 – 60.

［95］Klewitz J, Zeyen A, Hansen E G. Intermediaries driving eco – innovation in SMEs: A qualitative investigation ［J］. European Journal of Innovation Management, 2012, 15（4）: 442 – 467.

［96］Kneller R, Manderson E. Environmental regulations and innovation activity in UK manufacturing industries ［J］. Resource and Energy Economics, 2012, 34（2）: 211 – 235.

［97］Kozluk T, Zipperer V. Environmental policies and productivity growth ［J］. OECD Journal: Economic Studies, 2015, 2014（1）: 155 – 185.

［98］Kumar S, Managi S. Energy price – induced and exogenous technological change: assessing the economic and environmental outcomes ［J］. Resource and Energy Economics, 2009, 31 (4): 334 – 353.

[99] Lange B, Gouldson A. Trust – based environmental regulation [J]. Science of the total environment, 2010, 408 (22): 5235 – 5243.

[100] Lanjouw J O, Mody A. Innovation and the international diffusion of environmentally responsive technology [J]. Research Policy, 1996, 25 (4): 549 – 571.

[101] Lanoie P, Patry M, Lajeunesse R. Environmental regulation and productivity: Testing the porter hypothesis [J]. Journal of Productivity Analysis, 2008, 30 (2): 121 – 128.

[102] Lanoie P, Laurent – Lucchetti J, Johnstone N, et al. Environmental policy, Innovation and performance: New insights on the porter hypothesis [J]. Journal of Economics & Management Strategy, 2011, 20 (3): 803 – 842.

[103] Leenders M A A M, Chandra Y. Antecedents and consequences of green innovation in the wine industry: The role of channel structure [J]. Technology Analysis & Strategic Management, 2013, 25 (2): 203 – 218.

[104] Leonidou L C, Leonidou C N, Fotiadis T A, et al. Resources and capabilities as drivers of hotel environmental marketing strategy: Implications for competitive advantage and performance [J]. Tourism Management, 2013 (35): 94 – 110.

[105] Ley M, Stucki T, Woerter M. The impact of energy prices on green innovation [J]. The Energy Journal, 2016, 37 (1): 41 – 75.

[106] Li Y. Environmental innovation practices and performance: moderating effect of resource commitment [J]. Journal of Cleaner Production, 2014 (66): 450 – 458.

[107] Lin H, Zeng. S X, Ma H Y, et al. Can Political Capital Drive Corporate Green Innovation? Lessons from China [J]. Journal of Cleaner Production, 2014 (64): 63 – 72.

[108] Lin R, Sheu C. Why do firms adopt/implement green practices? — An institutional theory perspective [J]. Procedia – Social and Behavioral Sci-

ences, 2012 (57): 533 – 540.

[109] Lipscomb M, Mobarak A M. Decentralization and pollution spillovers: Evidence from the re – drawing of county borders in Brazil [A] . Unpublished Manuscript, University of Virginia and Yale University, 2013.

[110] Liu X, Siler P, Wang C, et al. Productivity spillovers from foreign direct investment: Evidence from UK industry level panel data [J] . Journal of International Business Studies, 2000, 31 (3): 407 – 425.

[111] Majumdar S K, Marcus A A. Rules versus discretion: The productivity consequences of flexible regulation [J] . Academy of Management Journal, 2001, 44 (1): 170 – 179.

[112] Mazzanti M, Zoboli R. Embedding environmental innovation in local production systems: SME strategies, networking and industrial relations: Evidence on innovation drivers in industrial districts [J] . International Review of Applied Economics, 2009, 23 (2): 169 – 195.

[113] Newell R G, Jaffe A B, Stavins R N. The Induced Innovation Hypothesis and Energy – Saving Technological Change [J] . The Quarterly Journal of Economics, 1999, 114 (3): 941 – 975.

[114] Nick Johnstone, Ivan Haščič, Julie Poirier, Marion Hemar, Christian Michel. Environmental Policy Stringency and Technological Innovation: Evidence from Survey Data and Patent Counts [J] . Applied Economics, 2012, 44 (17): 2157 – 2170.

[115] Nielsen K R, Reisch L A, Thøgersen J. Sustainable user innovation from a policy perspective: A systematic literature review [J] . Journal of Cleaner Production, 2016 (133): 65 – 77.

[116] Ogawa H, Wildasin D E. Think locally, act locally: Spillovers, spillbacks, and efficient decentralized policymaking [J] . The American Economic Review, 2009, 99 (4): 1206 – 1217.

[117] Oh D. A global Malmquist – Luenberger productivity index [J] .

Journal of Productivity Analysis, 2010, 34 （3）: 183 – 197.

［118］ Palmer K, Oates W E, Portney P R. Tightening environmental standards: The benefit – cost or the no – cost paradigm? ［J］. The Journal of Economic Perspectives, 1995, 9 （4）: 119 – 132.

［119］ Paraschiv D M, Nemoianu E L, Langǎ C A, et al. Eco – innovation, Responsible Leadership and Organizational Change for Corporate Sustainability ［J］. Amfiteatru Economic, 2012, 14 （32）: 404 – 419.

［120］ Pascual Berrone, Andrea Fosfuri, Liliana Gelabert. et al. Necessity as the mother of "green" inventions: Institutional pressures and environmental innovations ［J］. Strategic Management Journal, 1998 （19）: 729 – 753.

［121］ Pastor J T, Lovell C A K. A global Malmquist productivity index ［J］. Economics Letters, 2005, 88 （2）: 266 – 271.

［122］ Peiró – Signes Á, Segarra – Oña M V, Miret – Pastor L, et al. Eco – innovation attitude and industry's technological level – an important key for promoting efficient vertical policies ［J］. Environmental Engineering & Management Journal （EEMJ）, 2011, 10 （12））: 1893 – 1901.

［123］ Pereira Á, Vence X. Key business factors for eco – innovation: An overview of recent firm – level empirical studies ［J］. Cuadernos de Gestión, 2012 （12）: 73 – 103.

［124］ Popp D, Newell R. Where does energy R&D come from? Examining crowding out from energy R&D ［J］. Energy Economics, 2012, 34 （4）: 980 – 991.

［125］ Popp D. ENTICE: Endogenous technological change in the DICE model of global warming ［J］. Journal of Environmental Economics and management, 2004, 48 （1）: 742 – 768.

［126］ Popp D. Exploring links between innovation and diffusion: Adoption of NO x control technologies at US coal – fired power plants ［J］. Environmental and Resource Economics, 2010, 45 （3）: 319 – 352.

［127］ Popp D. Induced innovation and energy prices ［J］. The American Economic Review, 2002, 92 (1): 160 – 180.

[128] Popp D. International innovation and diffusion of air pollution control technologies: The effects of NOX and SO2 regulation in the US, Japan, and Germany [J]. Journal of Environmental Economics and Management, 2006, 51 (1): 46 – 71.

[129] Porter M E, Van der Linde C. Toward a new conception of the environment – competitiveness relationship [J]. The Journal of Economic Perspectives, 1995, 9 (4): 97 – 118.

[130] Porter M E. Towards a dynamic theory of strategy [J]. Strategic Management Journal, 1991, 12 (S2): 95 – 117.

[131] Qi G Y, Shen L Y, Zeng S X, et al. The drivers for contractors' green innovation: An industry perspective [J]. Journal of Cleaner Production, 2010, 18 (14): 1358 – 1365.

[132] Rehfeld K M, Rennings K, Ziegler A. Integrated product policy and environmental product innovations: An empirical analysis [J]. Ecological Economics, 2007, 61 (1): 91 – 100.

[133] Revell A, Stokes D, Chen H. Small businesses and the environment: Turning over a new leaf? [J]. Business Strategy and the environment, 2010, 19 (5): 273 – 288.

[134] Rexhäuser S, Rammer C. Environmental innovations and firm profitability: Unmasking the porter hypothesis [J]. Environmental and Resource Economics, 2014, 57 (1): 145 – 167.

[135] Rubashkina Y, Galeotti M, Verdolini E. Environmental regulation and competitiveness: Empirical evidence on the porter hypothesis from European manufacturing sectors [J]. Energy Policy, 2015 (83): 288 – 300.

[136] Scott Jacobs. Strategies for regulatory reform: International experiences and tools [C], Workshop on Accelerating Economic Regulatory Reform: Indonesia and International Experience, Jakarta, 2006.

［137］Segarra – Oña M V, Carrascosa – López C, Segura – García – Del – Río B, et al. Empirical analysis of the integration of proactivity into managerial strategy. Identification of benefits, difficulties and facilitators at the Spanish automotive industry［J］. Environmental Engineering & Management Journal (EEMJ), 2011, 10 (12): 1821 – 1830.

［138］Sharma S, Amy Pablo and Harrie Vredenburg. Proactive corporate environment strategy and the development of competitively valuable organizational capabilities［J］. Strategic Management Journal, 2013, 8 (34): 891 – 909.

［139］Shen J, Wei Y D, Yang Z. The impact of environmental regulations on the location of pollution – intensive industries in China［J］. Journal of Cleaner Production, 2017 (148): 785 – 794.

［140］Sierzchula W, Bakker S, Maat K, et al. Technological diversity of emerging eco – innovations: A case study of the automobile industry［J］. Journal of Cleaner Production, 2012 (37): 211 – 220.

［141］Simpson R D, Bradford Ⅲ R L. Taxing variable cost: Environmental regulation as industrial policy［J］. Journal of Environmental Economics and Management, 1996, 30 (3): 282 – 300.

［142］Spence M, Ben Boubaker Gherib J, Ondoua Biwolé V. Sustainable entrepreneurship: Is entrepreneurial will enough? A north – south comparison［J］. Journal of Business Ethics, 2011, 99 (3): 335 – 367.

［143］Tatoglu E, Bayraktar E, Sahadev S, et al. Determinants of voluntary environmental management practices by MNE subsidiaries［J］. Journal of World Business, 2014, 49 (4): 536 – 548.

［144］Thomas V J, Sharma S, Jain S K. Using patents and publications to assess R&D efficiency in the states of the USA［J］. World Patent Information, 2011, 33 (1): 4 – 10.

［145］Tone K. A slacks – based measure of efficiency in data envelopment analysis［J］. European Journal of Operational Research, 2001, 130 (3): 498 – 509.

[146] Triguero A, Moreno – Mondéjar L, Davia M A. Drivers of different types of eco – innovation in European SMEs [J]. Ecological Economics, 2013 (92): 25 – 33.

[147] Van der Zwaan B C C, Gerlagh R, Schrattenholzer L. Endogenous technological change in climate change modelling [J]. Energy Economics, 2002, 24 (1): 1 – 19.

[148] Van Leeuwen G, Mohnen P. Revisiting the Porter hypothesis: An empirical analysis of green innovation for the Netherlands [J]. Economics of Innovation and New Technology, 2017, 26 (1 – 2): 63 – 77.

[149] Vaninsky A. Efficiency of electric power generation in the United States: Analysis and forecast based on data envelopment analysis [J]. Energy Economics, 2006, 28 (3): 326 – 338.

[150] Veugelers R. Which policy instruments to induce clean innovating? [J]. Research Policy, 2012, 41 (10): 1770 – 1778.

[151] Wagner M, Llerena P. Eco – innovation through integration, regulation and cooperation: Comparative insights from case studies in three manufacturing sectors [J]. Industry and Innovation, 2011, 18 (8): 747 – 764.

[152] Wagner M. Empirical influence of environmental management on innovation: Evidence from Europe [J]. Ecological Economics, 2008, 66 (2): 392 – 402.

[153] Wagner M. On the relationship between environmental management, environmental innovation and patenting: Evidence from German manufacturing firms [J]. Research Policy, 2007, 36 (10): 1587 – 1602.

[154] Williamson D, Lynch – Wood G. Ecological modernisation and the regulation of firms [J]. Environmental Politics, 2012, 21 (6): 941 – 959.

[155] Wu G C. The influence of green supply chain integration and environmental uncertainty on green innovation in Taiwan's IT industry [J]. Supply Chain Management: An International Journal, 2013, 18 (5): 539 – 552.

［156］Xie R, Yuan Y, Huang J. Different types of environmental regulations and heterogeneous influence on "green" productivity：Evidence from china ［J］. Ecological Economics, 2017（132）：104 – 112.

［157］Yalabik B, Fairchild R J. Customer, regulatory, and competitive pressure as drivers of environmental innovation ［J］. International Journal of Production Economics, 2011, 131（2）：519 – 527.

［158］Yang C H, Tseng Y H, Chen C P. Environmental regulations, induced R&D, and productivity：Evidence from Taiwan's manufacturing industries ［J］. Resource and Energy Economics, 2012, 34（4）：514 – 532.

［159］Yarahmadi M, Higgins P G. Motivations towards environmental innovation：A conceptual framework for multiparty cooperation ［J］. European Journal of Innovation Management, 2012, 15（4）：400 – 420.

［160］Yen Y X, Yen S Y. Top – management's role in adopting green purchasing standards in high – tech industrial firms［J］. Journal of Business Research, 2012, 65（7）：951 – 959.

［161］Zhang Y J, Peng Y L, Ma C Q, et al. Can environmental innovation facilitate carbon emissions reduction? Evidence from China ［J］. Energy Policy, 2017（100）：18 – 28.

［162］Zhu Q, Cordeiro J, Sarkis J. International and domestic pressures and responses of Chinese firms to greening ［J］. Ecological Economics, 2012（83）：144 – 153.

［163］Zhu Q, Geng Y, Fujita T, et al. Green supply chain management in leading manufacturers：Case studies in Japanese large companies ［J］. Management Research Review, 2010, 33（4）：380 – 392.

［164］白俊红, 江可申, 李婧. 中国地区研发创新的技术效率与技术进步 ［J］. 科研管理, 2010（6）：7 – 18.

［165］白俊红, 蒋伏心. 协同创新, 空间关联与区域创新绩效 ［J］. 经济研究, 2015, 50（7）：174 – 187.

[166] 白雪洁，宋莹．环境规制，技术创新与中国火电行业的效率提升［J］．中国工业经济，2009（8）：68 - 77．

[167] 暴海龙，朱东华．专利情报分析方法综述［J］．北京理工大学学报（社会科学版），2002，4（S1）：91 - 93．

[168] 毕克新，杨朝均，隋俊．跨国公司技术转移对绿色创新绩效影响效果评价——基于制造业绿色创新系统的实证研究［J］．中国软科学，2015（11）：81 - 93．

[169] 曹宁，王若虹．中国能效标识制度实施概况［J］．制冷与空调（北京），2009（1）：9 - 14．

[170] 曹宁，夏玉娟，彭妍妍等．中日能效标准标识制度浅析比较［J］．中国能源，2010，32（2）：42 - 46．

[171] 曹霞，于娟．绿色低碳视角下中国区域创新效率研究［J］．中国人口·资源与环境，2015，25（5）：10 - 19．

[172] 曹霞，张路蓬．企业绿色技术创新扩散的演化博弈分析［J］．中国人口·资源与环境，2015，25（7）：68 - 76．

[173] 曾宪奎．技术创新：供给侧结构性改革的战略主攻点［J］．贵州省党校学报，2016（3）：79 - 84．

[174] 车尧，李雪梦，璐羽．社会网络视角下战略性新兴产业的专利情报研究［J］．情报科学，2015，33（7）：138 - 144．

[175] 陈家建，张琼文．政策执行波动与基层治理问题［J］．社会学研究，2015（3）：23 - 45．

[176] 陈诗一．中国的绿色工业革命：基于环境全要素生产率视角的解释（1980~2008）［J］．经济研究，2010，45（11）：21 - 34 + 58．

[177] 陈欣，吴佩林，刘喆．能效标识对节能产品选择的引导效用分析——基于京东家电线上销售的实证检验［J］．统计与信息论坛，2016，31（4）：106 - 112．

[178] 成琼文，许正，洪波，宋娟．环境规制对氧化铝行业技术创新的影响——基于企业规模差异的实证分析［J］．系统工程，2014，32

（1）：146 – 151.

［179］付帼，卢小丽，武春友．中国省域绿色创新空间格局演化研究［J］．中国软科学，2016（7）：89 – 99.

［180］傅强，马青，Sodnomdargia Bayanjargal. 地方政府竞争与环境规制：基于区域开放的异质性研究［J］．中国人口·资源与环境，2016，26（3）：69 – 75.

［181］苟海平，陈万吉，方红燕等．汽车行业节能减排的国际差距［J］．汽车工业研究，2012（12）：26 – 30.

［182］贾军，魏洁云，王悦．环境规制对中国 OFDI 的绿色技术创新影响差异分析——基于异质性东道国视角［J］．研究与发展管理，2017，29（6）：81 – 90.

［183］姜珂，游达明．基于央地分权视角的环境规制策略演化博弈分析［J］．中国人口·资源与环境，2016，26（9）：139 – 148.

［184］蒋伏心，王竹君，白俊红．环境规制对技术创新影响的双重效应——基于江苏制造业动态面板数据的实证研究［J］．中国工业经济，2013（7）：44 – 55.

［185］景维民，张璐．环境管制、对外开放与中国工业的绿色技术进步［J］．经济研究，2014，49（9）：34 – 47.

［186］李爱仙，成建宏．国内外能效标识概述［J］．中国标准化，2001，44（12）：52 – 54.

［187］李广培，全佳敏．绿色技术创新能力的影响因素与形成研究综述［J］．物流工程与管理，2015（11）：251 – 256.

［188］李杰中，孙绍旭．基于 CAS 理论的生态旅游绿色技术创新动力机制研究［J］．济宁学院学报，2013，34（6）：83 – 87.

［189］李静，楠玉，刘霞辉．中国研发投入的"索洛悖论"——解释及人力资本匹配含义［J］．经济学家，2017（1）：31 – 38.

［190］李静，杨娜，陶璐．跨境河流污染的"边界效应"与减排政策效果研究——基于重点断面水质监测周数据的检验［J］．中国工业经济，

2015（3）：31－43.

［191］李玲，陶锋．中国制造业最优环境规制强度的选择——基于绿色全要素生产率的视角［J］．中国工业经济，2012（5）：70－82.

［192］李胜兰，初善冰，申晨．地方政府竞争，环境规制与区域生态效率［J］．世界经济，2014（4）：88－110.

［193］李树，陈刚．环境管制与生产率增长——以APPCL2000的修订为例［J］．经济研究，2013（1）：17－31.

［194］李婉红，毕克新，曹霞．环境规制工具对制造企业绿色技术创新的影响——以造纸及纸制品企业为例［J］．系统工程，2013，31（10）：112－122.

［195］李婉红．排污费制度驱动绿色技术创新的空间计量检验——以29个省域制造业为例［J］．科研管理，2015，36（6）：1－9.

［196］李婉红．中国省域工业绿色技术创新产出的时空演化及影响因素：基于30个省域数据的实证研究［J］．管理工程学报，2017，31（2）：9－19.

［197］李旭．绿色创新相关研究的梳理与展望［J］．研究与发展管理，2015，27（2）：1－11.

［198］李萱，沈晓悦，夏光．中国环保行政体制结构初探［J］．中国人口·资源与环境，2012，22（1）：84－89.

［199］连玉君，程建．不同成长机会下资本结构与经营绩效之关系研究［J］．当代经济科学，2006，28（2）：97－103.

［200］刘章生，罗传建，刘桂海．产品信息标签的技术诱导效应研究：基于能效标识制度的实证［J］．科技进步与对策，2017，34（24）：18－24.

［201］刘章生，宋德勇，弓媛媛等．中国制造业绿色技术创新能力的行业差异与影响因素分析［J］．情报杂志，2017，36（1）：194－200.

［202］刘章生，宋德勇，弓媛媛．中国绿色创新能力的时空分异与收敛性研究［J］．管理学报，2017，14（10）：1475－1483.

［203］刘章生，宋德勇，刘桂海．环境规制对制造业绿色技术创新能力的门槛效应［J］．商业研究，2018，60（4）：111 - 119.

［204］卢丽文，宋德勇，李小帆．长江经济带城市发展绿色效率研究［J］．中国人口·资源与环境，2016，26（6）：35 - 42.

［205］陆旸．从开放宏观的视角看环境污染问题：一个综述［J］．经济研究，2012（2）：146 - 158.

［206］罗传建，刘章生．居民阶梯电价政策的技术创新诱导效应研究［J］．管理世界，2017（10）：178 - 179.

［207］罗良文，梁圣蓉．中国区域工业企业绿色技术创新效率及因素分解［J］．中国人口·资源与环境，2016，26（9）：149 - 157.

［208］马帅．能效标识制度对家电企业的影响［D］．首都经济贸易大学，2009.

［209］潘峰，西宝，王琳．地方政府间环境规制策略的演化博弈分析［J］．中国人口·资源与环境，2014，24（6）：97 - 102

［210］彭妍妍，张新，林翎等．中国能效标识制度实施框架和历程［J］．制冷与空调（北京），2016，16（1）：70 - 71.

［211］祁毓，卢洪友，徐彦坤．中国环境分权体制改革研究：制度变迁、数量测算与效应评估［J］．中国工业经济，2014（1）：31 - 43.

［212］钱丽，肖仁桥，陈忠卫．我国工业企业绿色创新效率及其区域差异研究——基于共同前沿理论和 DEA 模型［J］．经济理论与经济管理，2015（1）：26 - 43.

［213］石旻，张大永，邹沛江等．中国新能源行业效率——基于 DEA 方法和微观数据的分析［J］．数量经济技术经济研究，2016（4）：60 - 77.

［214］史进，童昕．绿色技术的扩散：中国三大电子产业集群比较研究［J］．中国人口·资源与环境，2010，20（9）：120 - 126.

［215］孙传旺．阶梯电价改革是否实现了效率与公平的双重目标？［J］．经济管理，2014（8）：156 - 167.

［216］孙浩康．欧盟及其他国家规制影响评估制度及经验介绍［J］．经济与管理研究，2006（1）：85－87．

［217］孙学敏，王杰．环境规制对中国企业规模分布的影响［J］．中国工业经济，2014（12）：44－56．

［218］涂正革，谌仁俊．排污权交易机制在中国能否实现波特效应？［J］．经济研究，2015，50（7）：160－173．

［219］涂正革．环境、资源与工业增长的协调性［J］．经济研究，2008（2）：93－105．

［220］王班班，齐绍洲．市场型和命令型政策工具的节能减排技术创新效应——基于中国工业行业专利数据的实证［J］．中国工业经济，2016（6）：91－108．

［221］王班班，齐绍洲．中国工业技术进步的偏向是否节约能源［J］．中国人口·资源与环境，2015，25（7）：24－31．

［222］王兵，吴延瑞，颜鹏飞．环境管制与全要素生产率增长：APEC的实证研究［J］．经济研究，2008（5）：19－32．

［223］王锋正，姜涛，郭晓川．政府质量、环境规制与企业绿色技术创新［J］．科研管理，2018，39（1）：26－33．

［224］王惠，苗壮，王树乔．空间溢出、产业集聚效应与工业绿色创新效率［J］．中国科技论坛，2015（12）：33－38．

［225］王惠，王树乔，苗壮等．研发投入对绿色创新效率的异质门槛效应——基于中国高技术产业的经验研究［J］．科研管理，2016，37（2）：63－71．

［226］王杰，刘斌．环境规制与企业全要素生产率——基于中国工业企业数据的经验分析［J］．中国工业经济，2014（3）：44－56．

［227］王文革．我国能效标准和标识制度的现状，问题与对策［J］．中国地质大学学报（社会科学版），2007，7（2）：7－12．

［228］王燕．环境问题的经济学分析——兼论推进环境规制改革的必要性［J］．商业经济，2009（24）：24－26．

［229］王宇澄．基于空间面板模型的我国地方政府环境规制竞争研究［J］．管理评论，2015，27（8）：23－32.

［230］王云霞．试论改善我国规制质量［J］．广东社会科学，2006（3）：35－39.

［231］吴延兵．R&D 存量，知识函数与生产效率［J］．经济学（季刊），2006，5（4）：1129－1156.

［232］吴英慧，高静学．从规制数量到规制质量——韩国规制改革及其启示［J］．亚太经济，2009（1）：58－61.

［233］吴英慧．中国转轨时期的政府规制质量研究［D］．吉林大学，2008.

［234］肖宏．企业资源环境规制及其激励机制［J］．世界经济情况，2008（5）：91－94.

［235］肖仁桥，王宗军，钱丽．技术差距视角下我国不同性质企业创新效率研究［J］．数量经济技术经济研究，2015，32（10）：38－55.

［236］谢荣辉．环境规制、引致创新与中国工业绿色生产率提升［J］．产业经济研究，2017（2）：38－48.

［237］徐建中，徐莹莹．政府环境规制下低碳技术创新扩散机制——基于前景理论的演化博弈分析［J］．系统工程，2015，33（2）：118－125.

［238］许庆瑞，王毅．绿色技术创新新探：生命周期观［J］．科学管理研究，1999（1）：3－6.

［239］许士春，何正霞，龙如银．环境规制对企业绿色技术创新的影响［J］．科研管理，2012，33（6）：67－74.

［240］严浩坤．中国跨区域资本流动：理论分析与实证研究［D］．浙江大学，2008.

［241］杨朝均，呼若青，杨红娟．中国绿色创新研究热点及其演进路径的可视化分析［J］．情报杂志，2016（8）：139－144.

［242］杨发庭．绿色技术创新的制度研究——基于生态文明的视角［D］．中共中央党校，2014.

［243］杨芳．技术进步对中国二氧化碳排放的影响及政策研究［M］．经济科学出版社，2013.

［244］杨树．中国城市居民节能行为及节能消费激励政策影响研究［D］．中国科学技术大学，2015.

［245］杨翔，李小平，周大川．中国制造业碳生产率的差异与收敛性研究［J］．数量经济技术经济研究，2015（12）：3－20.

［246］尤济红，王鹏．环境规制能否促进 R&D 偏向于绿色技术研发——基于中国工业部门的实证研究［J］．经济评论，2016（3）：26－38.

［247］原毅军，谢荣辉．环境规制与工业绿色生产率增长——对"强波特假说"的再检验［J］．中国软科学，2016（7）：144－154.

［248］詹爱岚，王黎萤．国外基于专利情报网络分析的创新研究综述［J］．情报杂志，2017（4）：72－77＋92.

［249］张钢，张小军．国外绿色创新研究脉络梳理与展望［J］．外国经济与管理，2011，33（8）：25－32.

［250］张华．地区间环境规制的策略互动研究——对环境规制非完全执行普遍性的解释［J］．中国工业经济，2016（7）：74－90.

［251］张华．"绿色悖论"之谜：地方政府竞争视角的解读［J］．财经研究，2014（12）：114－127.

［252］张江雪，朱磊．基于绿色增长的我国各地区工业企业技术创新效率研究［J］．数量经济技术经济研究，2012，2（12）：113－124.

［253］张静，周魏．绿色创新研究进展综述［J］．科技管理研究，2015，35（8）：232－237.

［254］张培刚．农业与工业化［M］．中国人民大学出版社，2014.

［255］张倩，曲世友．环境规制下政府与企业环境行为的动态博弈与最优策略研究［J］．预测，2013（4）：35－40.

［256］张天悦．环境规制的绿色创新激励研究［D］．中国社会科学院研究生院，2014.

［257］张同斌．研发投入的非对称效应，技术收敛与生产率增长悖论——以中国高技术产业为例［J］．经济管理，2014（1）：131 – 141.

［258］张文彬，张理芃，张可云．中国环境规制强度省际竞争形态及其演变——基于两区制空间 Durbin 固定效应模型的分析［J］．管理世界，2010（12）：34 – 44.

［259］张昕竹，刘自敏．分时与阶梯混合定价下的居民电力需求——基于 DCC 模型的分析［J］．经济研究，2015（3）：146 – 158.

［260］张昕竹，田露露，马源．居民对递增阶梯电价更敏感吗——基于加总 DCC 模型的分析［J］．经济学动态，2016（2）：17 – 30.

［261］张欣怡．财政分权与环境污染的文献综述［J］．经济社会体制比较，2013（6）：246 – 253.

［262］张友国．一般均衡模型中排污收费对行业产出的不确定性影响——基于中国排污收费改革分析［J］．数量经济技术经济研究，2004，21（5）：156 – 160.

［263］张跃胜．碳减排技术进步与扩散的影响因素研究［J］．经济管理，2016（9）：18 – 28.

［264］张征宇，朱平芳．地方环境支出的实证研究［J］．经济研究，2010，45（5）：82 – 94.

［265］张中元，赵国庆．FDI、环境规制与技术进步——基于中国省级数据的实证分析［J］．数量经济技术经济研究，2012，29（4）：19 – 32.

［266］赵敏．环境规制的经济学理论根源探究［J］．经济问题探索，2013（4）：152 – 155.

［267］赵霄伟．环境规制，环境规制竞争与地区工业经济增长——基于空间 Durbin 面板模型的实证研究［J］．国际贸易问题，2014（7）：82 – 92.

［268］赵霄伟．地方政府间环境规制竞争策略及其地区增长效应——来自地级市以上城市面板的经验数据［J］．财贸经济，2014（10）：105 – 113.

［269］赵玉民，朱方明，贺立龙．环境规制的界定，分类与演进研究［J］．中国人口·资源与环境，2009，19（6）：85 – 90.

［270］郑新业，王晗，赵益卓．"省直管县"能促进经济增长吗——双重差分方法［J］．管理世界，2011（8）：34－44.

［271］周京生，王彭杰，朱培武等．基于消费者决策视角下家电能效标识实施的问题分析［J］．日用电器，2014（9）：17－21.

［272］周晶淼，武春友，肖贵蓉．绿色增长视角下环境规制强度对导向性技术创新的影响研究［J］．系统工程理论与实践，2016，36（10）：2601－2609.

［273］朱平芳，徐伟民．政府的科技激励政策对大中型工业企业 R&D 投入及其专利产出的影响——上海市的实证研究［J］．经济研究，2003（6）：45－53.

［274］朱平芳，张征宇，姜国麟．FDI 与环境规制：基于地方分权视角的实证研究［J］．经济研究，2011（6）：133－145.

附录　本书部分内容在有关期刊的刊发情况

[1] 中国制造业绿色技术创新能力的行业差异与影响因素分析[J]. 情报杂志，2017，36（1）：194－200.

[2] 居民阶梯电价政策的技术创新诱导效应研究[J]. 管理世界，2017（10）：178－179.

[3] 中国绿色创新能力的时空分异与收敛性研究[J]. 管理学报，2017，14（10）：1475－1483.

[4] 产品信息标签的技术诱导效应研究：基于能效标识制度的实证[J]. 科技进步与对策，2017，34（24）：18－24.

[5] 环境规制对制造业绿色技术创新能力的门槛效应[J]. 商业研究，2018，60（4）：111－119.

[6] The Threshold Effect of Environmental Regulation on Green Technology Innovation Capability：An Empirical Test of Chinese Manufacturing Industries [J]. Ekoloji，2018，27（106）：503－516.

致　谢

本书是在我的博士论文基础上修改完成的。从选题到成书经历了许多，既有取得博士学位、发表系列论文、获得国家自然科学基金资助的喜悦，也有生活上的艰辛与挣扎、学术上的迷茫与困惑。成书之际，俯瞰平静的瑶湖，心中唯有感恩。

感恩于导师宋德勇教授。感恩老师领我进入师门，让我有机会接受一流大学的洗礼；感恩老师给予的学术指导，让我能够不断丰富自己的知识结构，顺利完成各项学习科研任务；感恩老师带来的精神食粮，老师严谨的学术之风、谦卑的为人处世，让我深受教诲，终身受益。

感恩于这个时代。感恩时代给予的研究基础，几十年的经济建设，浩浩荡荡，让我们这个国家再次秀立于世界的中心，让经济问题成为社会研究的中心话题；感恩时代给予的研究话题，今日之中国，处于变革与转型之中，无论以后会怎样发展、会转向何方，都给予了我们参与讨论的机会；感恩时代给予的发展机会，40 年的改革开放，让每一个人都有发展的选择权，也让我这个从江西偏远山区走出来的孩子有机会选择在一流大学攻读博士学位。

感恩于华中科技大学。感恩母校给予我的良好学习环境，三年来，不论什么时间点走进食堂，总有一款美食适合我，让我随时随地走进校园不至于空腹运转，另外，研究室的空调总是让我能在舒适的温度下学习；感恩母校给予的严谨学风，"学在华科"不是传说，三年来，半夜研究室的灯光、周末研究室的灯光、假期研究室的灯光，照亮我那颗懒惰的学习之心；感恩母校给予的精神洗礼，"大学之道，在明明德"，三年的华科生活，不仅完善了我的知识结构，也让我接受了崇高而简明的精神洗礼。

感恩经济学院。感恩大师留下的传承，张培刚和林少宫两位大师给经济学院留下的不只是知识，更多的是传承，每每进入学院大楼，路经两位大师的铜像，都不由感触：大师虽已去、风范却长存；感恩学院老师的指导，感谢学院徐长生老师、张卫东老师、张建华老师、范红忠老师、杨继生老师、彭代彦老师、范子英老师、方晶老师、易鸣老师以及公共管理学院卢新海老师在专业知识方面的悉心讲授，感谢罗传建老师、钱雪松老师、李卫兵老师和姚遂老师在科研项目方面的指导与鼓励。

感恩同学。感恩博士班的领导们，特别是班长李阳和书记颜琰，你们的默默工作，给了我三年舒心的学习科研环境；感恩一起去食堂的好饭友们，特别是胡草、孔令文和于乐河，还有公共管理学院的葛堃，你们的无私让我的"扯淡"有了听众。

感恩同门。感恩已经毕业的师兄师姐们，在您们的庇护下，我得以顺利完成学业，特别是金荣学大师兄，师兄石昶、盛三化、刘习平和向堃，师姐李金滟、李彩红、卢丽文和吴婵丹；感恩同门同学杨柳青青，三年来相互帮助、相互学习；感恩为我毕业论文提供支持的同门们，特别是弓媛媛、李东方、赵菲菲、张麒和蔡星，感谢您们在撰写过程中给予的帮助；感恩同门师弟师妹们，在你们的协助下，三年来我们顺利地完成了许多看似不可能完成的科研、学习任务，特别是喻一帆、胡赓、刘玲、钱盛民、邓捷、万清清、刘涵、夏天翔、陶相飞、祝愿和李瑶。

感恩一路走来的良师益友们。感恩求学路上的良师们，因为有你们的付出、教诲和支持，我得以走到今天，特别是启蒙恩师陈金元老师和硕士导师陶满德先生；感恩一路上默默支持我的朋友们，不论事业还是生活，不论什么时候，总是能找到几个能够谈心的人，这些挚友数量不多，但名字不想点破，正因为有你们，让我的心灵从不孤单。

感恩我至亲的家人们。感恩养育了我的父亲母亲，你们的付出是我成长的前提，父亲大人虽已去多年，但教诲仍不敢忘，母亲的默默支持让我安心地完成了博士生学习；感恩夫人李芬，感恩你的付出，你的理解和支持是我前进的动力，也是我前进路上的坚强后盾，为了我们的幸福生活，我会继续努力的；感恩孩子们给予我的幸福，你们的健康成长让我感到欣慰，希望你们长大之后能够远远超越我。

刘章生

2018 年 9 月瑶湖西畔